Meine
Farbmaus
zu Hause

Melanie Teubler

bede bei Ulmer

Inhalt

Eine Farbmaus als Heimtier

Farbmäuse erfreuen sich zunehmender Beliebtheit als Heimtiere. Ausschlaggebend dafür sind gewiss ihr putziges Aussehen, ihr lebhaftes, neugieriges, freundliches Wesen und ihre Bereitschaft, mit dem Menschen Kontakt aufzunehmen. Gerade Kinder und Jugendliche, aber auch unvoreingenommene Erwachsene, werden dadurch zum Beobachten und Streicheln der kleinen Nager angeregt. Auch wenn Mäuse nicht so anspruchsvoll sind wie größere Haustiere, verlangen sie dennoch eine artgerechte Unterbringung und Haltung. Nur dann werden der Halter und die Mäuse auf Dauer gut zusammen auskommen und viel Freude miteinander haben. Dieser kleine Ratgeber möchte dabei helfen, dass auch Anfänger in der Nagerhaltung wissen, worauf es ankommt und Fehler vermieden werden.

Informationen über geeignetes Spielzeug, die Zähmung und die Zucht von Farbmäusen sowie eine Übersicht über die verschiedenen Farbvarianten runden den Ratgeber ab. Ein Verzeichnis über weiterführende Literatur, Adressen und Links hilft allen Interessierten, die noch mehr über das Verhalten und die Eigenschaften von Farbmäusen wissen möchten. Wir wünschen allen Lesern dieses Büchleins, die sich zur Anschaffung von Farbmäusen entschlossen haben, viel Freude mit ihren neuen Hausgenossen und hoffen, dass Sie genauso viele schöne Erfahrungen mit den kleinen, freundlichen Wesen machen werden wie alle, die sich in den vergangenen Jahren mit wachsender Begeisterung diesen liebenswerten Nagern gewidmet haben.

Mäuse sind verspielte und liebenswerte Geschöpfe. Die anschmiegsamen Nager werden immer häufiger als Haustiere gehalten.

Solch ein Spielzeug macht den kleinen Kerlen Spaß!

Herkunft und Geschichte

Als Farbmäuse werden die „normalen" bekannten Mäuse bezeichnet, die man aus Zoohandlungen kennt und die von der Westlichen Hausmaus (Mus musculus ssp. domesticus) abstammen.

Die Farbe der kleinen Nager spielt dabei zunächst keine Rolle. Auch weiße Mäuse sind Farbmäuse. Weißen Mäusen mangelt es nur an der Fähigkeit, gewisse Farbstoffe (Melanine) zu bilden und in ihre Körperzellen einzulagern, so dass ihre Haut und ihr Fell mattweiß erscheinen.

Der Pigmentmangel führt auch dazu, dass sie eine farblose Iris haben, was die Augen rot erscheinen lässt - ein weiteres Kennzeichen der Albinos, wie man solche weiß gefärbten Exemplare auch nennt. Durch Veränderungen im Erbgut können nicht nur albinotische Farbvarianten bei Nagern entstehen, sondern auch zahlreiche andere, von der ursprünglichen Wildfarbe abweichende Ausfärbungen. Durch gezielte Züchtung durch den Menschen wurden besonders schöne Farbvarianten erzielt, die schließlich zu einer großen Farbvielfalt unter den Abkömmlingen der ursprünglich graubraunen Hausmäuse führte.

Farbmäuse stammen von der Hausmaus ab, sind aber zutraulicher und haben ein hübsch gefärbtes Fell.

Kleine Mäuse-Zoologie

Mäuse gehören, wie Ratten, Hamster und Rennmäuse, zur Ordnung der Nagetiere (Rodentia), die mit weltweit mehr als 2000 Arten die wohl größte und erfolgreichste Gruppe unter den Säugetierarten darstellt. Entwicklungsgeschichtlich ist die Familie der Mäuseartigen (Muridae) recht jung. Die Gattung der Echten oder Langschwanzmäuse (Mus) umfasst Hausmäuse und die von ihnen abstammenden Labor- und Heimtiermäuse sowie die Japanischen Tanzmäuse. Nahe verwandt sind die Ratten, die zur Gattung Rattus gehören. Besonders gern werden die Abkömmlinge der Wanderratten (Rattus norvegicus) als Labor- und Heimtierratten gehalten. Die ebenfalls als Heimtiere sehr beliebten Gold- und Zwerghamster, sowie die Sand- und Wüstenmäuse, wozu auch die Mongolischen Rennmäuse (Meriones unguiculatus) gehören, werden der Familie der Wühler (Cricetidae) zugeordnet. Beide Familien, sowohl die Echten Mäuse als auch die Wühler, haben sich aus gemeinsamen Vorfahren entwickelt, was ihre äußerliche Ähnlichkeit erklärt.

Mäuse im Haus sind kein Grund zur Panik – die putzigen Nager werden heutzutage gern als Heimtiere gehalten.

Natürliches Vorkommen und Verbreitung

Außer der Antarktis haben Mäuse alle Kontinente und nahezu jeden Lebensraum erobert, von Wüsten- und Steppengebieten über die Hochgebirge bis hin zu ländlichen Siedlungen und Großstädten. Hausmäuse haben sich vermutlich schon vor etwa 9000 Jahren dem Menschen angeschlossen. Dies geschah zu einer Zeit, als die nomadisierenden Jäger und Sammler sesshaft wurden und begannen, Getreide anzubauen und Vorräte anzulegen. Die flinken und anpassungsfähigen Nager fanden in den Kornspeichern und Vorratskammern auch in den Wintermonaten reichlich Nahrung, so dass sie die Gefahren der menschlichen Nähe gern in Kauf nahmen, um in den Genuss ganzjähriger Versorgung mit wertvollem Futter zu gelangen. Die Menschen hingegen sahen die kleinen „Gäste" in den vergangenen Jahrtausenden eher als Schädlinge an und versuchten sie zu bekämpfen. In Zeiten, in denen Missernten und Hungersnöte den Menschen das Überleben schwer machten, wurden Mäuse und andere Nager als Nahrungskonkurrenten lästig. Hinzu kam die mangelnde Hygiene, weshalb Mäuse und Ratten bei der Verbreitung von Krankheiten eine unrühmliche Rolle spielten. Heutzutage brauchen wir keine Angst mehr zu haben, dass uns Mäuse oder andere Nager die Nahrung streitig machen und dank der modernen, aufgeklärten Lebensweise sind auch durch Nager übertragene Krankheiten kein Thema mehr (vorausgesetzt, man hält sich an die gängigen Hygieneregeln). Deshalb werden Mäuse inzwischen gern als putzige, intelligente und liebenswürdige Gefährten im Heim gehalten, die wenig Arbeit machen und viel Freude in den Alltag bringen.

Mäuse haben, im Gegensatz zu Hamstern und vielen anderen Nagern, eine spitz zulaufende Schnauze und große, vom Kopf abstehende Ohren.

In ihrer ursprünglichen Heimat, den Steppenlandschaften Asiens, lebten die Hausmäuse ganzjährig in Höhlen. Auch bei uns findet man sie häufig im Freien, wobei sie bei Anbruch der kalten Jahreszeit vermehrt in Schuppen, Keller, Garagen und Dachböden einwandern und sich dort gemütlich einrichten. Wenn sie Material zum Bau eines Nests finden und das Nahrungsangebot ausreicht, ziehen sie sogar im geschützten Winterquartier ihre Jungen auf. Anders als viele andere Nager halten Hausmäuse keinen Winterschlaf, sondern sind das ganze Jahr über aktiv. Deshalb eignen sie sich besonders gut zur Haltung im Haus. Dies wurde auch schon im Altertum geschätzt. Wahrscheinlich wurden in Kleinasien bereits um 1000 v. Chr. Mäuse aus Liebhaberei

Alle Arten von Höhlen, auch wenn sie künstlich sind, wirken auf Mäuse ungeheuer anziehend.

gehalten. Neben Albinos, also weißen Mäusen, waren damals auch schon andere Farbmutanten bekannt, so etwa Mäuse mit schokoladenfarbenen oder gescheckten Fellvarianten. Zu Zeiten Alexander des Großen (336-323 v. Chr.) wurden weiße Hausmäuse zu kultischen Zwecken in Tempeln gehalten. In China halfen weiße Mäuse den Priestern bei ihren Weissagungen und in Japan wurden gezielt gescheckte Mäuse gezüchtet.

Weil bei der Zucht immer vor allem die zahmsten und zutraulichsten Tiere verwendet wurden, unterschied sich das Verhalten der Zuchtmäuse bald deutlich von dem der wild lebenden Artgenossen. Die im Haus gehaltenen Tiere zeigen heute ein deutlich geringere Fluchtneigung, wehren sich nicht mehr gegen Berührungen und beißen auch nicht mehr so häufig zu. Auch gegenüber ihren eigenen Artgenossen sind sie wesentlich friedlicher als ihre Artgenossen in der freien Natur. Nicht zuletzt wegen dieser Eigenschaften gelten besonders in den angelsächsischen Ländern Mäuse, Rennmäuse und Ratten schon länger als beliebte Heimtiere. Sie werden in unzähligen Farb- und Fellvarianten gezüchtet, einfarbige oder gescheckte und sogar langfellige Nager oder solche mit „gelocktem" Fell sind bekannt. Auf großen Nagetierausstellungen werden zum Beispiel Mäuse von Jurymitgliedern nach einem streng festgelegten Punktesystem beurteilt. Natürlich spielt dabei die Fellfarbe in der Kategorie „Schönheit" eine große Rolle und es wurden für bestimmte Farbvarianten verbindliche Bezeichnungen eingeführt. Wer mehr über die professionelle Zucht und die Ausstellung von Farbmäusen wissen möchte, findet in zahlreichen Internet-Portalen und bei entsprechenden Verbänden ein Forum. Den privaten Halter von Farbmäusen braucht die Nomenklatur der Züchtervereine aber nicht zu kümmern, denn für ihn sollte das Vergnügen an und mit den kleinen Nagern im Vordergrund stehen.

Mäuse werden in zahlreichen Farb- und Fellvarianten gezüchtet.

Körperbau und Sinnesorgane

Mäuse haben, wie alle wühlenden und grabenden Nager, im Verhältnis zu ihrem Körper recht kurze Gliedmaßen. An den Vorderfüßen besitzen sie vier, an den Hinterfüßen fünf Zehen, die mit Krallen ausgestattet sind. Durch die sehr gelenkigen Gliedmaßen können Mäuse hervorragend klettern und bewältigen so auch fast senkrechte Wände problemlos. Sie besitzen einen langen, schwach behaarten Schwanz, der beim Springen zum Balancieren und beim Sitzen als Stütze dient. Hausmäusen hilft der Schwanz beim Klettern auch als Steighilfe und zum Festhalten. Die Kopfform der Hausmäuse ist im Vergleich zu anderen Nagern relativ lang und läuft zur Schnauze hin spitz zu. Die großen Ohren sind nur spärlich behaart, die Ohrmuscheln sehr beweglich. Das verweist darauf, dass die Nager ein sehr empfindliches Gehör besitzen, das sie wohl zur Ortung von Fressfeinden entwickelt haben.

Beim Balancieren benutzen Mäuse ihren beweglichen Schwanz auch zum Festhalten.

Die Augen

Die großen Augen der Mäuse sitzen seitlich am Schädel, was ihnen eine Rundumsicht von nahezu 360 Grad ermöglicht. Weil die Gesichtsfelder der beiden Augen sich aber kaum überschneiden, besitzen Mäuse kein ausgeprägtes räumliches Sehvermögen. So können sie auch Entfernungen nur schlecht abschätzen. Darüber hinaus sehen sie auch ziemlich unscharf und können ruhende Objekte schlechter ausmachen als bewegte. Dafür besitzen sie aber ein relativ gutes Dämmerungssehen und können wohl auch Farben wahrnehmen.

Der Geruchssinn

Mäuse sind, wie alle Nager, vor allem „Nasentiere", die sich über ihren Geruchssinn orientieren. Das gleicht, zusammen mit dem guten Hör- und Tastvermögen, das relativ schwache Sehvermögen aus. Wenn eine Hausmaus sich orientieren möchte, stellt sie sich nicht selten auf die Hinterpfoten und beginnt mit ihrem beweglichen Näschen auffällig zu schnüffeln. Der Geruchssinn dient auch zum Auffinden der Nahrung und möglicher Partner. Der Geruch regelt außerdem das Sozialleben der Nager. Mithilfe zahlreicher Duftdrüsen, aber auch durch den Einsatz von Kot und Urin, markieren die Mäuse ihr Revier. Hausmäuse verfügen über spezielle Duftdrüsen an den Fußsolen, die so angeordnet sind, dass Artgenossen nicht nur erkennen, wer die Duftmarke gesetzt hat, sondern auch, in welche Richtung er dabei gelaufen ist. Die Angewohnheit, das Revier durch Duftmarken zu kennzeichnen, führt zu einem intensiven Eigengeruch der Farbmäuse, der auch bei noch so sorgfältiger Reinhaltung des Mäuseheims nicht gänzlich vermieden werden kann. Diese Tatsache sollte man bei der Anschaffung auf jeden Fall bedenken.

Tastsinn

Ein weiteres empfindliches Sinnesorgan stellen die Tasthaare an der Schnauze und über den Augen (so genannte Vibrissen) dar. Auch auf den Körperseiten und an den Außenseiten der Beine befinden sich so genannte „Leithaare". Sie reagieren besonders empfindlich auf Berührungen und ermöglichen den Nagern eine hervorragende Orientierung im Nahbereich. Sie können damit Luftbewegungen registrieren und auch Entfernungen abschätzen. Zusammen mit ihrem hoch entwickelten Geruchssinn können sich Mäuse somit auch bei völliger Dunkelheit noch hervorragend orientieren, was ihnen nicht nur in der Nacht, sondern auch in der dunklen Enge ihres Nests eine große Hilfe ist.

Die Tasthaare an der Schnauze sind wichtige Sinnesorgane, die der Maus bei der Orientierung helfen.

Gebiss

Das auffälligste Kennzeichen aller Nagetiere sind die gut ausgebildeten, stark gebogenen Schneidezähne, die man auch Nagezähne nennt, sowie die gespaltene Oberlippe. Zwischen den Nagezähnen und den Backenzähnen klafft eine große Lücke, das so genannte Diastema. Auf jeder Ober- und Unterkieferhälfte haben die Mäuse je einen Schneide- (Nage-) und drei Backenzähne. Eck- und Vorderbackenzähne fehlen. Mäuse sind monophyodent, haben also keine Milchzähne. Das bedeutet, dass sie bei der Geburt gleich ihren endgültigen Satz Zähne bekommen und keinen Zahnwechsel durchmachen. Hinzu kommt noch eine Besonderheit: Die Nagezähne der Mäuse sind nur an der Vorderseite durch Zahnschmelz (Dentin) gehärtet. An der Rückseite sind sie weicher, wodurch sie sich beim Nagen schneller abschleifen und ständig selbst nachschärfen. Weil die Nagezähne wurzellos und sehr tief im Kiefer der Mäuse verankert sind, wachsen sie praktisch ohne Unterbrechung ständig nach. Beste Voraussetzungen also für ein Leben unter harten Bedingungen, bei dem sich die kleinen Kerle im wahrsten Sinne des Wortes durchbeißen müssen. Alles in allem bildet das Gebiss zusammen mit der gespaltenen Oberlippe eine besondere Form der Anpassung an die spezielle Lebensweise der Nager.

Das auffällige Schnuppern dieses putzigen Gesellen lässt ganz richtig vermuten, dass Mäuse einen gut entwickelten Geruchssinn haben.

Farbmäuse sind sehr gesellig und gehen auch gern gemeinsam auf Entdeckungstour.

Größe, Alter und Gewicht

Ausgewachsene Farbmäuse wiegen zwischen 25 und 50 Gramm, selten auch etwas mehr, und erreichen eine Körpergröße von 15 bis 19 Zentimetern. Auf den Schwanz entfallen dabei etwa acht bis zehn Zentimeter. Sie werden im Alter von etwa vier Wochen geschlechtsreif und erreichen bei guter Pflege ein Alter von maximal drei Jahren. Wilde Hausmäuse leben seit Jahrtausenden in großen Rudeln und bilden einen festen Familienverbund. Sie sind überaus gesellig, putzen sich gegenseitig, kuscheln sich im Nest aneinander und gehen gemeinsam auf Entdeckungstour. Um den Bedürfnissen der putzigen Nager gerecht zu werden, dürfen wir sie deshalb niemals allein halten. Eine einzelne Farbmaus fühlt sich immer ausgesetzt und allein, was kein echter Tierfreund wollen kann.

Überlegungen vor dem Kauf

Bevor Sie sich dazu entschließen, Farbmäuse als Heimtiere anzuschaffen, müssen Sie sich einige Fragen stellen. Nur das gewährleistet, dass sich später ein gutes Verhältnis zwischen dem Halter und seinen Schützlingen entwickelt, das beide dauerhaft zufrieden macht. Ein vorschneller Kauf könnte nur allzu schnell bereut werden und bringt dann Probleme mit sich, die bei ausreichender Überlegung und Vorbereitung eigentlich nicht nötig wären.

Eine der wichtigsten Fragen lautet: Welche Erwartungen haben Sie an die kleinen Nager? Machen Sie sich im Vorfeld mit den Eigenschaften, Verhaltensweisen, dem Aussehen und den Ansprüchen der Farbmäuse vertraut. Mäuse sind meist nachtaktiv, relativ klein und empfindlich. Sie sind im Vergleich zu Hunden, Katzen und auch Ratten nur mäßig intelligent und lernfähig und nicht so robust, wenn man mit ihnen lebhaft spielen möchte.

Die Anschaffung von Farbmäusen sollte gut überlegt werden, damit sich die kleinen Nager später auch wirklich wohl in ihrem neuen Heim fühlen.

Wenn Sie sich also ein Haustier zum Schmusen, Herumtollen oder Kuscheln wünschen, sind Mäuse vielleicht nicht unbedingt die richtige Wahl. Wenn Sie jedoch einen lieben Gefährten suchen, der putzig und zutraulich ist, wenig Ansprüche stellt sowie Beschäftigung und Anregung bietet, dann kommen Farbmäuse durchaus in Betracht. Großer Vorteile der kleinen Nager sind der geringe Pflegeaufwand und die niedrigen Unterhaltskosten. Die Haltung ist sogar in relativ kleinen Wohnungen kein Problem und bedarf nicht einmal der Genehmigung durch den Vermieter. Die ist nur dann notwendig, wenn eine professionelle Zucht angestrebt ist.

Fragen Sie sich dennoch im Vorfeld, ob Sie das Minimum an Pflege für diese Hausgenossen übernehmen wollen und können!

Wer Mäuse halten will, braucht seinen Vermieter nicht um Erlaubnis zu fragen.

Kinder müssen lernen, rücksichtsvoll und vorsichtig mit Mäusen umzugehen.

Kinder als Halter von Farbmäusen

In Familien stellt sich die Frage: Für wen werden die Mäuse angeschafft? Häufig sind es Kinder, die ihre Eltern mit dem Wunsch nach Farbmäusen angehen. Sind die Kinder aber alt genug für ein Haustier? Auch wenn manche Eltern es nicht wahrhaben wollen, sind Kindern von Natur aus Grenzen gesetzt. Je jünger die Kinder sind, desto weniger Verantwortung können sie erfahrungsgemäß für die zuverlässige und regelmäßige Pflege eines Heimtiers übernehmen. Oft müssen dann die Eltern einspringen. Fragen Sie sich also, ob Sie in solch einem Fall grundsätzlich dazu bereit sind oder ob Sie Probleme mit Nagetieren, insbesondere mit Mäusen haben. Kleinkinder bis zu einem Alter von sechs Jahren sind generell ungeeignet als Halter, erst ab einem Alter von acht bis zehn Jahren kann man voraussetzen, dass Kinder selbstverantwortlich für ein Haustier sorgen können. Eine andere Frage ist, ob sie dann auch einsichtig genug sind, die Mäuse nicht ständig zu stören. Die Mäuse dürfen nicht jederzeit aufgeweckt werden, weil sie dann unter Stress geraten, was zu Krankheiten führen und auf Dauer die Lebenszeit verkürzen kann. Kleinere Kinder müssen oft zu früh schlafen gehen und können dann die nachtaktiven Mäuse kaum im wachen Zustand erleben. Auch müssen die motorischen Fähigkeiten der Kinder weit genug entwickelt sein, damit sie mit so zarten Tierchen, wie sie Mäuse nun einmal sind, richtig umgehen können, ohne sie zu drücken oder zu verletzen, wenn sie die kleinen Wesen in die Hand nehmen. Als gutes Einstiegsalter gilt die Zeit zwischen dem achten und zehnten Lebensjahr. In diesem Alter sind Kinder sich bewusst, dass sie es mit lebendigen Wesen zu tun haben, für die sie Verantwortung übernehmen. Jüngere Kinder müssen deshalb jedoch nicht auf den Kontakt mit Farbmäusen verzichten, nur sollte dann ein Erwachsener dabei sein, der die Maus hält, während das Kind sie streicheln darf. Das gilt übrigens genauso für Kinder, die nicht im Haushalt leben, sondern zu Besuch kommen.

Geruchsbelästigung

Auch bei noch so sorgfältiger Hygiene können bei der Haltung von Farbmäusen Gerüche nicht ganz ausgeschlossen werden. Besonders die männlichen Vertreter dieser Art riechen manchmal sehr stark. Weibchen und kastrierte Männchen entwickeln weniger starke Gerüche, aber ganz auszuschließen ist eine gewisse „Duftwirkung" auch hier nicht. Das sollte man in jedem Fall einplanen, wenn man an die Anschaffung von Farbmäusen denkt und den Standort des Mäuseheims entsprechend wählen.

Es gibt verschiedene Sorten Einstreu im Fachhandel zu kaufen. Außer Holzspänen, Hanf- und Strohhäcksel kann aber auch gereinigter Sand verwendet werden.

Farbmäuse brauchen Beschäftigung

Mäuse sind sehr sozial orientierte Tiere. Sie dürfen niemals einzeln gehalten werden, das würde für sie Stress bedeuten und ihnen auf Dauer seelischen und körperlichen Schaden zufügen. Wer sich für die Anschaffung von Farbmäusen entscheidet, der muss in jedem Fall mehrere Tiere zusammen halten. Werden sie als Paar oder in kleinen Gruppen gehalten, haben sie zwar Beschäftigung, brauchen aber dennoch regelmäßigen Kontakt zu ihrem Halter, damit sie zutraulich werden und dies auch bleiben. Können Sie den Mäusen ausreichend Aufmerksamkeit widmen? Sozial vernachlässigte Tiere zeigen rasch Verhaltensauffälligkeiten wie Aggressivität, Passivität oder Apathie und können an Hautproblemen oder Nierenerkrankungen leiden und im schlimmsten Fall sterben. Planen Sie also täglich mindestens eine halbe Stunde, besser noch eine Stunde Zeit zum Spiel mit den kleinen Nagern ein! Wichtig ist auch der Auslauf. Immer nur im Bau zu sitzen, ist auch für Farbmäuse fad. Gern tollen die putzigen Kerlchen im Zimmer herum, sofern sie dabei beaufsichtigt werden und ihnen nichts passieren kann. Eine Alternative ist eine Mäuseburg oder ein entsprechend großes Auslaufmöbel wie zum Beispiel eine fluchtsichere Einfassung aus Spanplatten.

So macht das Spielen wirklich Spaß! Die geselligen Farbmäuse fühlen sich in Gesellschaft von Artgenossen am wohlsten.

Andere Haustiere können Stress bedeuten

Haben Sie andere Haustiere wie Hunde oder Katzen, die den Farbmäusen gefährlich werden könnten? Schon der Anblick dieser Hausgenossen kann für die kleinen Nager großen Stress bedeuten und muss unbedingt vermieden werden. Selbst wenn der Hund von klein auf an die Nager gewöhnt wurde, darf man ihn auf keinen Fall mit den kleinen Kerlen allein lassen. Für Katzen gilt das sowieso, denn ihr angeborener Jagdinstinkt lässt sich auch durch Erziehung nicht ausreichend unterdrücken – eine davonhuschende Maus ist einfach eine zu große Versuchung! Wer außer Farbmäusen auch noch andere Nager hält, vergisst vielleicht, dass auch Ratten einen ausgeprägten Jagdtrieb haben und im Falle eines Falles auch den Farbmäusen gefährlich werden können. Besser ist es daher, die Mäuse nie mit anderen Haustieren in direkten Kontakt kommen zu lassen.

Mäuse schätzen den engen Kontakt zu ihren Artgenossen – auf andere Tiere in ihrem Umfeld können sie jedoch getrost verzichten.

Wohin mit den Mäusen im Urlaub?

Bei der Anschaffung von Farbmäusen muss bedacht werden, dass die kleinen Nager ganz auf unsere Versorgung angewiesen sind. Wir müssen ihnen täglich Futter, frisches Wasser und eine Portion Zuwendung geben, damit sie gesund und munter bleiben. Was aber geschieht mit ihnen, wenn wir in Urlaub fahren wollen? Mäuse kommen, bei ausreichender Versorgung mit Futter und frischem Trinkwasser, auch ein bis zwei Tage ohne Betreuung aus. Aber eine längere Abwesenheit muss gut organisiert werden. Wohl dem, der einen lieben Nachbarn oder Verwandten hat, der sich in der Zeit der Abwesenheit um die Mäuse kümmern kann. Am besten geschieht dies vor Ort, indem der Ersatzpfleger ins Haus kommt und die Mäuse ihre gewohnte Umgebung nicht verlassen müssen. Solch eine Person muss allerdings zur Pflege der Nager geeignet sein und darf sich weder vor den Mäusen selbst noch vor ihren Ausscheidungen oder den hin und wieder zu verabreichenden Mehlwürmern ängstigen oder ekeln.

Wenn eine Versorgung zuhause nicht möglich ist, müssen die Mäuse bei den Ersatzpflegern untergebracht werden. Achten Sie dann aber darauf, dass der Standort der Mäusebehausung den Bedürfnissen der Tiere entspricht, also weder zu kalt noch zu heiß oder gar in der prallen Sonne sein darf. Nur in den seltensten Fällen werden Mäuse mit in den Urlaub fahren dürfen. Neben dem Stress, den das selbst in einer geeigneten Transportbox für die kleinen Lieblinge bedeuten würde, sind sie in den meisten Hotels und Pensionen keine gern gesehenen Gäste. Wenn sie doch mit auf Reisen gehen müssen, ist darauf zu achten, dass sie stets ausreichend Wasser und Futter, eine Versteckmöglichkeit und Schutz vor Hitze, Kälte, Zugluft und Lärm haben. Denken Sie daran, dass es einem in der Sonne geparkten Auto selbst im Winter rasch erstickend heiß werden kann. Das würden die Mäuse kaum ohne Schaden überleben.

In einer Reisebox können Farbmäuse sicher und weitgehend stressfrei zu ihrem Urlaubsbetreuer gebracht werden. Dort muss dann aber ein ausreichend großes Gehege vorhanden sein.

Allergien

In heutiger Zeit leiden immer mehr Menschen unter Allergien. Besonders häufig treten Allergien gegen Katzenhaare und Hausstaubmilben auf. Nager rufen wesentlich seltener Allergien hervor. Denken Sie auch daran, dass nicht nur Sie selbst, sondern vielleicht auch andere Familienmitglieder allergisch reagieren könnten. Oft wird auch vergessen, dass nicht nur die Nager selbst, sondern auch die Ausscheidungen (Harn, Kot), im Fell oder im Einstreu lebende Milben oder sogar Nahrungsmittel (z. B. Nüsse) bei den Haltern Allergien auslösen oder verstärken können. Empfindliche Personen müssen sich, am besten vom Hausarzt, auf mögliche Allergien testen lassen, bevor Farbmäuse angeschafft werden.

Auch kleine Heimtiere kosten Geld

Haben Sie die Kosten bedacht, die auch nach der Anschaffung der Mäuse, der Unterkunft und des Zubehörs entstehen? Die kleinen Nager fressen nicht so viel wie ein Hund oder eine Katze, brauchen aber regelmäßig frisches Futter und auch das Einstreu für das Mäuseheim kostet Geld. Und damit allein ist es nicht getan, denn manchmal wird eine Maus auch krank und braucht dann die Hilfe eines Tierarztes, was zusätzliche Kosten für Behandlung und Medikamente verursacht. Mit der finanziellen Frage ist automatisch auch eine ethische verbunden, denn eine Rechnung vom Tierarzt übersteigt meistens den materiellen Wert einer Farbmaus. Herzlose Menschen kalkulieren dann vielleicht, dass die Anschaffung einer neuen Maus billiger wäre. Diese Überlegung lässt nicht nur das Wohlergehen des Tieres außer Acht, sie ist auch egoistisch, lebensverachtend und moralisch untragbar. Besonders Kindern gegenüber sollten wir ein gutes Beispiel geben und in einem solchen Fall an die Würde des Tieres und sein Recht auf Leben denken.

Fragen vor der Anschaffung

○ Für wen ist die Farbmaus gedacht? Eignet sich die Person zur Mäusehaltung?

○ Sind Sie oder jemand in Ihrem Haushalt gegen Tierhaare, Milben oder deren Ausscheidungsprodukte oder gegen bestimmte Futtermittel bzw. Einstreu allergisch?

○ Verfügen Sie über ausreichend Platz und einen geeigneten, ruhigen, rauchfreien, vor Kälte, Zugluft und Sonne geschützten Standort für die Behausung der Mäuse?

○ Haben Sie bedacht, dass die Haltung von Farbmäusen zu einer Geruchsentwicklung führen kann?

○ Können Sie den Ekel vor Mehlkäferlarven (Mehlwürmern) und anderen Futterinsekten überwinden?

○ Können Sie den Mäusen ausreichend Zeit und Aufmerksamkeit widmen?

○ Gibt es die Möglichkeit, die Mäuse gelegentlich frei im Zimmer laufen zu lassen oder haben Sie eine Mäuseburg oder ähnliches als Ersatz anzubieten?

○ Haben Sie andere Haustiere, die den Farbmäusen gefährlich werden oder sie stressen könnten?

○ Können Sie auch in Urlaubszeiten eine Versorgung der Mäuse durch eine Pflegevertretung gewährleisten?

○ Sind Sie bereit, die Tierarztkosten für erkrankte Mäuse aufzubringen, auch wenn diese den materiellen Wert der Maus übersteigen?

Ausreichend Platz, ein gemütliches Häuschen, leckeres Fressen und saubere Einstreu – hier lässt es sich gut leben!

Abschied nehmen, wenn es soweit ist

Auch daran sollte man schon vor der Anschaffung denken: Von Natur aus haben Farbmäuse nur eine relativ kurze Lebenserwartung. Selbst bei guter Pflege werden sie selten älter als 18 Monate, höchstens erreichen sie ein Alter von zwei, maximal auch drei Jahren. Das bedeutet, dass irgendwann ein Abschied von dem geliebten Wesen unausweichlich wird. Erwachsene haben damit weniger Probleme, denn sie wissen, worum es geht. Für Kinder ist es oft die erste Erfahrung mit dem Tod. Gut, wenn sie alt genug sind, um dieses Erlebnis richtig einordnen und verarbeiten zu können und noch besser, wenn ein Erwachsener ihnen zur Seite steht, um ihnen zu erklären, was es damit auf sich hat.

Wo bekomme ich eine Farbmaus?

Damit es mit der Haltung von Anfang an keine Schwierigkeiten gibt, ist es ratsam, sich gut zu informieren und beim Kauf die Augen offen zu halten. Das erstbeste Angebot kann unter Umständen teuer zu stehen kommen, wenn eine kranke oder degenerierte Maus erworben wird. Auch aus gut geführten Tierhandlungen oder von renommierten Züchtern können Sie Farbmäuse erwerben. Zudem bieten all diese Adressen auch eine Anlaufstelle, wenn es Fragen zur Haltung oder doch einmal Probleme mit den Mäusen gibt.

Prüfen Sie zuerst, ob im nächsten Tierheim gerade Farbmäuse erhältlich sind. Oft bekommen Sie im Tierheim auch Jungtiere. Ebenfalls auf Notfallstationen – stöbern Sie einfach ein bisschen im Internet oder fragen Sie im Tierheim nach.

Achten Sie immer auf die Haltungsbedingungen und den Gesundheitszustand der dort angebotenen Tiere. Wichtige Indizien sind zum Beispiel die Sauberkeit der Behausungen und die Bedingungen der Haltung (können die Tiere sich auch in ein Versteck zurückziehen?), der allgemeine Zustand der Tiere, deren Versorgung mit Futter und Frischwasser sowie die Geruchsentwicklung.

Auf keinen Fall dürfen die Mäuse (und andere Tiere) im grellen Sonnenlicht als „Ware" ausgestellt werden. Die Getrennthaltung nach Geschlechtern sollte selbstverständlich sein.

Lassen Sie Ihre Farbmaus nur für den Transport in dieser Box. Zuhause wartet schon ein mäusegerechtes Gehege.

Züchter von Farbmäusen

Viele Züchter von Nagetieren bieten auch Farbmäuse an. Hier hat der Käufer zudem die Möglichkeit, besonders schöne und seltene Farbvarianten auszusuchen. Man bekommt die Adressen renommierter Züchter über Tierarztpraxen, Züchterverbände oder auch im Internet. Manche Züchter inserieren auch in Tiermagazinen. Das örtliche Tierheim oder andere Nagerhalter kennen auch manchmal Züchteradressen und können vielleicht sogar über deren Leumund berichten. Obwohl die meisten Züchter sehr verantwortungsbewusst sind und keine reinen „Vermehranstalten" betreiben, gibt es auch immer schwarze Schafe in dieser Branche. Wenn Sie daher einen Züchter aufsuchen und nicht zufrieden mit der Beratung oder dem Zustand der angebotenen Mäuse sind, dann kehren Sie lieber unverrichteter Dinge um und suchen weiter, bis Sie das Gefühl haben, an den Richtigen geraten zu sein.

Die Bestimmung des Geschlechts bei Mäusen ist relativ einfach: Beim Männchen (links) liegen Anal- und Genitalöffnung weiter auseinander als beim Weibchen (rechts).

Das Geschlecht bestimmen

Mäuse sind sprichwörtlich fruchtbar, das gilt auch für Farbmäuse. Sie werden in der Regel schon in einem Alter von vier Wochen geschlechtsreif. Wer also keine Mäusezucht begründen will, muss bei der Paar- oder Gruppenzusammensetzung auf das Geschlecht der Nager achten. Zoohandlungen und Züchter können das Geschlecht der Mäuse schon vor dem Kauf mit einiger Sicherheit bestimmen. Bei Männchen liegen die Anal- und Genitalöffnungen weiter auseinander als bei Weibchen. Bei erwachsenen Mäusen ist die Geschlechtsbestimmung einfacher als bei Jungtieren, da die Männchen dann gut sichtbare Hoden ausbilden. In Stresssituationen können sie diese jedoch kurzzeitig einziehen. Leider kommt es immer wieder vor, dass weibliche Jungtiere schon vor dem Kauf befruchtet und trächtig sind und der ahnungslose Halter sich nach kurzer Zeit mit Nachwuchs „gesegnet" sieht. Wenn Sie sicher gehen wollen, „jungfräuliche" Mäusedamen zu erwerben, sprechen Sie den Händler am besten gezielt darauf an.

Damit sich zwei Farbmäuse so gut verstehen, muss darauf geachtet werden, dass es sich bei beiden um Weibchen handelt.

Gruppenzusammensetzung und Kastration

Erfahrungsgemäß ist es besser, zwei oder vier Mäuse statt einer Dreiergruppe zu halten, weil sich die Nager in dieser Zusammensetzung besser vertragen. Bei größeren Gruppen spielt die Anzahl dann keine Rolle mehr. Ob Sie weibliche oder männliche Mäuse miteinander vergesellschaften, ist eine Sache des Temperaments. In der Regel gelten weibliche Mäuse als friedlicher. In der Praxis hat es sich bewährt, Paare oder kleine Gruppen ausschließlich aus weiblichen Mäusen zu bilden. Bei Mäuse-Böcken (so nennt man die männlichen Mäuse) kommt es mitunter zu blutigen Auseinandersetzungen. Deshalb dürfen auch nie mehrere Böcke mit nur einem Weibchen verge-sellschaftet werden. Bei kastrierten Böcken besteht die Gefahr nicht mehr. Eine Kastration wird von erfahrenen Kleintier-Tierarztpraxen durchgeführt. Weil der Hormonspiegel nach der Sterilisierung aber nur langsam absinkt, dürfen die Böcke erst nach frühestens zwei Wochen Wartezeit mit fruchtbaren Weibchen zusammen gebracht werden. Andernfalls kann es trotz Kastration zu einer Befruchtung und ungewollter Schwangerschaft des Weibchens kommen. Bevorzugen Sie beim Kauf möglichst immer Mäuse aus einer Wurfgemeinschaft, weil diese aneinander gewöhnt sind. Im Idealfall können Sie Wurfgeschwister erwerben, die am besten miteinander auskommen.

Auf die Gesundheit achten

Es ist für Laien nicht immer ganz einfach, gesunde von kranken Mäusen zu unterscheiden. Wenn Sie auf ein paar Punkte achten, können Sie jedoch die Gefahr, ein krankes Mäuschen zu erwerben, möglichst gering halten. Beantworten Sie die Fragen der folgenden Liste:

Beim Kauf von Farbmäusen darf nicht nur auf das hübsche Aussehen geachtet werden. Auch die Gesundheit der Nager spielt eine große Rolle.

- Verhalten sich die Mäuse munter und neugierig und sind sie auch nach dem Aufwecken rasch wach und lebhaft?

- Ist der Rücken gerade?

- Der Körper muss schlank und gleichmäßig, ohne auffällige Verdickung sein und der Knochenaufbau muss erkennbar sein.

- Die Knochen dürfen nicht spitz hervorstehen.

- Wie sieht das Fell aus – ist es glänzend und gleichmäßig dicht gewachsen oder fallen kahle Stellen auf, die auf Parasitenbefall oder Mangelerscheinungen hinweisen?

- Ist die Haut dort, wo sie sichtbar ist, rosa, elastisch und frei von Schuppen oder Schorf?

- Sind die Augen glänzend und klar? Verklebte Lidränder oder tränende Augen sind ein sicheres Zeichen für eine Erkrankung der Maus.

- Ist die Atmung gleichmäßig und ruhig, ohne Röcheln oder Rasseln?

- Ist der After trocken und sauber oder mit Kotresten verklebt, was auf eine ernste Erkrankung hindeutet?

- Ist die Nase trocken und sauber? Rötungen oder schleimiger Ausfluss deuten auf Krankheiten hin. Auch das Mäulchen muss trocken und sauber sein und darf weder säuerlich noch faulig riechen.

- Sind die Krallen gut ausgebildet und gleichmäßig lang? Verkümmerte oder deformierte Krallen weisen auf Erbschäden hin. Einzelne Krallen können allerdings durch kleinere „Unfälle" schon mal abgebrochen sein.

- Sind die Zähne gleichmäßig lang und ohne Deformationen?

- Können die Mäuse die Pfoten beim Laufen gleichmäßig belasten, ohne ein Bein hinterher zu ziehen oder hoch zu halten?

Aha!

Kein Kauf aus Mitleid

Kranken Mäusen sieht man ihr Leiden manchmal nicht direkt an. Leider ist es eine Tatsache, dass gerade schwächliche oder kranke Mäuse sich besonders „zutraulich" zeigen, weil sie ganz einfach zu schwach zum Flüchten sind oder weil sie Hilfe und Geborgenheit suchen. Kaufen Sie niemals so eine Maus, denn Sie werden dem kleinen Kerlchen kaum helfen können. Hohe Tierarztkosten und eine Menge Sorgen kommen auf Sie zu. Wenn Kinder mit im Spiel sind, wird die Sache noch einmal schlimmer, denn der baldige Verlust eines kranken Gefährten bedeutet für Ihr Kind viele Tränen.

Spontankäufe vermeiden

Die lustigen Knopfaugen und das seidenweiche Fell der Farbmäuse faszinieren sofort und lösen praktisch reflexartig das Gefühl aus, dieses Wesen zu sich zu holen. Dennoch darf die Anschaffung eines Haustieres niemals spontan erfolgen, sondern muss gründlich überlegt werden. Am besten besprechen Sie den Kauf von Farbmäusen in der ganzen Familie und klären dabei gleich ab, wer für die Pflege zuständig ist. Die Suche nach einem vertrauenswürdigen Händler und die Einrichtung der Mäusebehausung erfolgen ebenfalls am besten, nachdem Sie sich ausführlich über Haltung, Pflege und die Bedürfnisse der Mäuse informiert haben. Das vermeidet spätere Enttäuschungen und gewährleistet, dass sich die kleinen Nager bei Ihnen dauerhaft wohl fühlen und Ihnen Kummer ersparen.

Mäuse sind keine Mitbringsel

Eine gute Zoohandlung und ein verantwortungsvoller Händler werden es niemals zulassen, dass Farbmäuse „in Geschenkpapier eingewickelt" werden. Zu oft haben sie schon erleben müssen, dass die derart „Beschenkten" mit den Mäusen nichts anzufangen wussten und die kleinen Nager umgehend zurück in die Tierhandlung gebracht haben. Und das ist dann schon das Beste, was diesen armen Geschöpfen geschehen kann, denn häufig machen sich die neuen Besitzer nicht die Mühe, ein artgerechtes Zuhause für die Mäuse zu suchen, sondern setzen sie einfach aus oder verfahren noch schlimmer mit ihnen. Deshalb muss ganz klar gelten: Keine Mäuse als Geschenk kaufen, außer wenn sichergestellt wurde, dass sie wirklich willkommen sind und bei ihrem neuen Besitzer ein gutes Zuhause finden.

Wer kann solchen süßen Knopfaugen schon widerstehen? Dennoch sind Mäuse kein „Mitbringsel" und erst recht kein spontanes Geschenk.

Farbvarianten

Der besondere Reiz der Farbmäuse liegt natürlich in den vielfältigen Farbvarianten des Felles. Vom reinen Weiß über leuchtendes Rot bis hin zu tiefem Schwarz kommen praktisch alle Farben vor. Zusätzlich zu den einfarbigen Mäusen gibt es Varianten mit gebändertem Fell und solche, bei denen der Bauch und die Oberseite verschiedene Farbtöne aufweisen (so genannte „Tans" und „Foxes"). Einfarbige Mäuse mit dunklen Extremitäten nennt man Colourpoint-Farben.

Zu den von Züchterverbänden festgelegten Standard-Farbvarianten zählen all jene Farben, die innerhalb des deutschen Zucht- und Showstandards anerkannt und beschrieben sind. Sie gelten als die für die Rassezucht relevanten Farben und werden in fünf Varietäten unterteilt, die jeweils eine Gruppe charakteristischer Fellfärbungen zusammenfassen. Aus Gründen der internationalen Verständigung sind sämtliche Farbbezeichnungen in englischer Sprache. Die Farbvarietäten kommen in den unten genannten Formen nur bei echten Rassemäusen vor. Dies sind Farbmäuse, die von professionellen Züchtern gemäß den verbindlichen Rassestandards gezüchtet wurden und, wie Rassehunde oder Rassepferde, auch einen Stammbaum haben. Dadurch unterscheiden sie sich von den gewöhnlichen Farbmäusen, die in Zoohandlungen oder „von privat" angeboten werden.

Die fünf Varietäten mit ihren Farbvarianten im Überblick

○ **Die Varietät Self**
Black, Chocolate, Blue, Lilac, Dove, Champagne, Pink Eyed Silver, Black Eyed Silver, Pink Eyed White, Pink Eyed Ivory, Black Eyed White, Black Eyed Ivory.

○ **Die Varietät Ticked**
Golden Agouti, Cinnamon, Argente, Argente Creme, Silver Agouti.

○ **Die Varietät Tan**
Black Tan, Chocolate Tan, Blue Tan, Lilac Tan, Dove Tan, Champagne Tan, Silver Tan, Golden Agouti Tan, Cinnamon Tan.

○ **Die Varietät Silver Fox**
Black Fox, Chocolate Fox, Blue Fox, Lilac Fox, Chinchilla.

○ **Die Varietät Colourpointed**
Black Eyed Siamese Seal Point, Ruby Eyed Siamese Seal Point, Himalayan.

Sogenannte Satinmäuse haben ein seidenweiches Fell in zarten Farbschattierungen.

Wie an der Vielzahl der Bezeichnungen unschwer zu erkennen ist, können sich Liebhaber, Kenner und Züchter für besondere Farbvarianten besonders begeistern und erkennen solche Mäuse in der Regel auch sofort. Für die normalen Farbmaus-Halter, der sich nicht der aufwändigen und anspruchsvollen Zucht von Rassetieren widmen möchte, sind die Fachbezeichnungen jedoch nicht weiter von Bedeutung. Für sie zählt allein, dass ihre Mäuse gesund sind und bleiben und dass sie ihrem Halter liebenswerte Gefährten sind, die eine artgerechte Pflege mit viel Freude belohnen.

Qualzüchtungen

Mäuse gibt es inzwischen in unzähligen Farbvarianten. Neben den possierlichen Farbmäusen tauchen auch immer wieder Mäusezüchtungen auf, die mit etwas „ganz Besonderem" aufwarten.

Am bekanntesten sind die „Weißen Mäuse", also Albinos. Diese Mäuse sind leider besonders anfällig für Krankheiten und ihre roten Augen neigen wegen der hohen Lichtempfindlichkeit zu Veräderungen. Japanische Tanzmäuse, die fast immer schwarz-weiß gescheckt sind, leiden unter einem Hirnschaden und taumeln daher im Kreis. Rote, orangefarbene und gelbliche Farbmäuse (Fachbezeichnung der Farbschläge: Red, Fawn, Cream, Sable, Marten Sable) besitzen ein Gen, das unweigerlich zu Fettleibigkeit und damit zu Krankheit und frühem Ableben führt. Lockenmäuse, so genannte Rexmäuse, die krauses oder besonders langes Haar haben, sind durch die ebenfalls gekräuselten Tasthaare und Wimpern (Vibrissen) stark eingeschränkt. Sogar schwanzlose und nackte Mäuse wurden gezüchtet.

Dass diese körperlichen Verunstaltungen den Nagern unnötige Qualen verursachen, dürfte jedem klar sein. Verbände verbieten daher auch die meisten dieser Qualzüchtungen und schließen sie von Ausstellungen aus. Dennoch werden solche Varianten immer wieder von gewissenlosen Händlern angeboten.

Jeder Tierfreund muss für sich selbst entscheiden, ob er durch den Kauf derartiger Mäuse solche Tendenzen in der Zucht fördern möchte.

Locken- oder Rexmäuse haben nicht nur welliges, langes Fell, sondern auch gewellte Tasthaare, was ihnen die Orientierung erschwert.

Haltung und Pflege

Die Lebensgemeinschaft mit den Farbmäusen beginnt mit dem Heimtransport der gekauften Tiere. Für den Weg von der Zoohandlung oder dem Züchter nach Hause eignet sich ein mit Einstreu und einem Schlafhäuschen oder einer kleinen Pappschachtel ausgestatteter Transportbehälter, aus dem sie nicht entkommen können. Der Fachhandel bietet für solche Zwecke geschlossene Transportboxen aus Plastik an, die aber nur zum Transport gedacht sind und nicht als Dauerbehausung taugen. Futter und Trinkwasser sind nur dann erforderlich, wenn der Heimweg länger dauert. Es sollte klar sein, dass die Mäuse auf dem Transport keinen Temperaturextremen ausgesetzt und dass sie, auch nicht für kurze Zeit, in einem geparkten Auto allein gelassen werden. Während der Reise werden die kleinen Nager sich zunächst in ihrem Unterschlupf aneinandergekuschelt versteckt halten. Vermeiden Sie jede unnötige Aufregung der Mäuse und widerstehen Sie auch der Versuchung, sie schon während des Transportes aus dem Reisekäfig herauszunehmen. Zu Hause angekommen stellen Sie das Mäuseheim oder das Schlafhäuschen mitsamt den Mäusen in die neue Behausung und lassen die Neuankömmlinge erst einmal in Ruhe. Erst nach ein bis zwei Tagen haben sich die kleinen Kerle soweit beruhigt, dass sie sich neugierig hervorwagen und ihr neues Heim untersuchen. Lassen Sie den Nagern genügend Zeit zur Eingewöhnung, bevor Sie beginnen, Kontakt mit ihnen aufzunehmen oder sie gar anzufassen.

Für die Heimreise gibt es spezielle Transportboxen **aus Kunststoff.**

Eine gemütliche Behausung

Für kleine Gruppen ist eine Mindestgröße von 100 cm x 50 cm x 50 cm geeignet. Viele handelsübliche Mäuseheime bestehen aus einer Kunststoffwanne mit einem Drahtgitter-Oberteil. Beide Teile werden durch Hakenlaschen miteinander verbunden. Der Gitterabstand darf dabei nicht zu groß gewählt werden, damit Jungmäuse nicht entkommen können. Bewährt hat sich ein Gitterabstand von nicht mehr als 0,6 Zentimetern.

Wenn Sie ein Nagerheim aus dem Zoofachgeschäft kaufen, dann verlangen Sie ausdrücklich eines für Mäuse. Manchmal wird auch ein ausrangiertes Aquarium als Heimstatt empfohlen. Dies ist aber selten ausreichend belüftet und daher nicht für die Mäusehaltung geeignet. Da Mäuse recht viel Flüs-

Ein solches Labyrinth sorgt für jede Menge Abwechslung im Mäuseleben.

Ein Spielplatz für Mäuse – Nagespaß inbegriffen.

sigkeit ausscheiden, ist eine gute Luftzirkulation Voraussetzung dafür, dass die Mäuse gesund bleiben. In feuchter Umgebung kommt es nicht nur zu starker Geruchsentwicklung, sondern im stickigen Milieu bilden sich auch vermehrt Krankheitskeime.

Beim Selbstbau von Mäusegehegen muss darauf geachtet werden, dass keine Schrauben oder Nägel hervorstehen, an denen die Nager sich verletzen könnten. Am besten versenkt man die Schrauben, so dass sie außer Reichweite der Mäuse sind. Außerdem sind Kunststoffe und lackierte, imprägnierte oder sonst irgendwie behandelte Holzteile absolut tabu. Wird Draht verwendet, darf er nicht mit Kunststoff ummantelt sein, denn den würden unsere kleinen Freunde rasch abnagen und sich daran den Magen verderben.

Einstreu

Am besten eignet sich Kleintierstreu aus dem Zoofachgeschäft. Üblich ist Holzstreu, aber auch Streu
aus Hanf oder gepresstem Stroh sind möglich. Letz-
tere stauben nicht so stark, was besonders Allergiker
zu schätzen wissen. Ungeeignet sind Sägespäne aus
Schreinerabfällen, da sie meist nicht völlig frei von Gift-
stoffen (Beizen, Holzschutzmittel) sind. Auf keinen Fall
darf Katzenstreu verwendet werden, da die gängigen
Sorten unter Umständen giftige Bestandteile enthalten und bei der Aufnahme durch die Mäuse im Magen
verklumpen, was verheerende Folgen für die kleinen
Nager haben kann. Torf als Einstreu ist ebenfalls ungeeignet, er ist sehr staubhaltig und wird leicht von
Schimmelpilzen befallen, die bei den Mäusen Krankheiten auslösen können. Weil die Einstreu nur in einer
etwa drei Zentimeter hohen Lage auf dem Boden der
Behausung ausgebracht wird, ist der Bedarf gering, so
dass auch beim Kauf der teureren Kleintierstreu keine
allzu großen Kosten entstehen.

Der richtige Standort

Die Mäusebehausung braucht einen ruhigen, zugfreien
Standort, der weder starken Temperaturschwankungen
noch praller Sonne ausgesetzt sein darf. Eine Fenster-
bank ist absolut ungeeignet. Auch Feuchträume wie
Badezimmer oder Küche sind ungeeignete Standorte
für das Mäuseheim, denn eine hohe Luftfeuchtigkeit
bekommt den Nagern nicht. Ideal sind Räume mit einer
Temperatur zwischen 18 und 23 °C.
Besonders ungünstig wirkt es sich aus, wenn die Behausung auf dem Fußboden steht, denn Mäuse fühlen
sich bedroht, wenn sich über ihnen etwas bewegt. In
der freien Natur sind es nämlich vor allem Greifvögel,
die den Nagern aus der Luft gefährlich werden können.
Auf einer Kommode oder in einem Wandregal fühlen
sich die kleinen Fellbündel wesentlich weniger bedroht
und können auch besser beobachtet werden.
Dennoch müssen die Farbmäuse in ihren Ruhephasen
auch wirklich ungestört ausruhen dürfen, ohne durch
ständigen „Publikumsverkehr" gestört zu werden. Weil
die auch nachts aktiven Farbmäuse unter Umständen
beim Spielen Lärm verursachen, ist eine Platzierung
der Behausung in Kinderzimmern und Schlafräumen
im Interesse der Halter und ihrer ungestörten Nacht-
ruhe nicht empfehlenswert. Denken Sie bei der Wahl
des Aufstellungsortes des Mäuseheims auch an eine
mögliche Geruchsbelästigung. Besonders männliche
Mäuse entwickeln oft einen charakteristischen Eigengeruch, der nicht in jedem Zimmer erwünscht ist.

Achten Sie auf die Wahl einer
geeigneten Einstreu. In Teilen des
Geheges kann dies auch gereinigter Sand sein, der zum Buddeln
einlädt.

Ein Schlafhäuschen aus Holz bietet den Mäusen einen sicheren Rückzugsort.

Schlafhöhlen und Wohnlabyrinthe

Damit sich die kleinen Lieblinge in ihrem neuen Heim richtig wohl fühlen, brauchen sie auch eine Höhle, um dort Unterschlupf zu finden und schlafen zu können. Die Höhle muss aus ungefährlichen und ungiftigen Naturmaterialien (Holz, Kork, Ton) bestehen. Gut geeignet sind zum Beispiel Hamsterhäuschen oder Nistkästen für Wellensittiche aus dem Fachhandel in einer Größe von 10 x 11 x 11 Zentimetern. Kunststoffhäuschen sind zwar leicht zu reinigen, können aber beim Benagen für die Mäuse gefährlich werden, wenn Plastikteile aufgenommen werden. Außerdem bildet sich in Kunststoffhöhlen rasch Kondenswasser, das nicht gesund für die Mäuse ist. Zwar kuscheln sich mehrere Mäuse in ihrer Höhle gern aneinander, mitunter kommt es aber dennoch zu Konkurrenz. Besonders bei der Haltung größerer Gruppen muss man den Mäusen deshalb genügend Ausweichquartiere in Form von weiteren Wohnhöhlen anbieten. Eine willkommene Ergänzung zur Schlafhöhle stellen Wohnlabyrinthe und Wohnfelsen aus dem Fachhandel dar. Sie sorgen für Abwechslung im Mäusealltag und bieten den kleinen Kerlen auch die Möglichkeit, sich kurzfristig von ihren Artgenossen zurück zu ziehen. Von bunten, „lustigen" Kunststoffbehausungen mit allerhand Röhren, Nischen und Höhlen, wie sie immer wieder im Handel angeboten werden, ist jedoch grundsätzlich abzuraten, da sie zu viele Gefahren für die Nager bergen. Gern angenommen und unbedenklich ist dagegen etwas Papier, das die Mäuse selbst zerkleinern und zum Auspolstern ihres Heimes verwenden. Geben Sie den Mäusen dazu entweder Papiertaschentücher oder Toilettenpapier (beides unparfümiert!).

So lustig solche Spielhäuschen aus Kunststoff für Mäuse auch sind: Knabbern die Nager sie an, müssen die Häuschen aus Sicherheitsgründen wieder entfernt werden.

Futternäpfe und Wasserquellen

Für das Mäuseheim eignen sich am besten schwere Futternäpfe aus Porzellan, Steingut oder glasiertem Ton, die nicht umfallen können und leicht zu reinigen sind. Stellen Sie diese so auf, dass die Mäuse nicht hineinklettern und sie vollkoten können. Wenn die Futternäpfe etwas erhöht stehen, zum Beispiel auf dem Dach der Wohnhöhle, dann sammelt sich auch kein Einstreu darin. Gleiches gilt für den Wassernapf, wenn denn ein solcher verwendet wird. Trinkflaschen, die von außen an der Behausung befestigt werden, sind nicht ideal. Am unteren Ende der Trinkflasche ist eine Trinkröhre mit einem Kugelverschluss oder einer Nippeltränke angebracht, die den Mäusen zwar das Trinken ermöglicht, ohne auszulaufen. Aber da das Trinken aus der Wasserflasche sehr anstrengend ist, trinken sie oft viel zu wenig, was bis hin zur Austrocknung führen kann. Weder die Flasche noch die Trinkröhre dürfen aus Glas bestehen, um eine Gefahr für die Mäuse beim Benagen auszuschließen. Tropfende oder leckende Trinkflaschen müssen umgehend durch intakte ersetzt werden, damit die Mäuse nicht in durchnässter Einstreu leben müssen.

Aus so einem Wassernapf können die Nager ihren Durst jederzeit mit frischem Wasser stillen.

Ein Salzleckstein für Nagetiere ist bei gesunder, ausgewogener Ernährung nicht notwendig. Ein Kalknagestein kann wegen des Überangebots an Kalzium zu Harnsteinen führen und ist überflüssig, wenn genug anderes Nagematerial angeboten wird.

Wenn Sie Ihren Mäusen genügend anderes Material zum Nagen anbieten, ist ein Nagestein überlüssig.

Futterschalen müssen flach sein und kippsicher aufgestellt werden, damit die Mäuse sie nicht umwerfen können.

Hart gewordenes Brot muss nicht weg geworfen werden – unsere kleinen Freunde freuen sich über die Gelegenheit, ihre Zähne daran zu schärfen. Natürlich bleibt dieses große Brot ein Mäusetraum ...

Nagespaß für kleine Mäuse

Die ständig nachwachsenden Nagezähne der Mäuse nutzen sich in der freien Natur durch die Lebensweise der Nager selbst ab. Bei der Haltung als Heimtier gibt es oft zu wenige Möglichkeiten, an harten Materialien zu nagen und damit die Zähne abzunutzen. Mit der Zeit werden die Schneidezähne dann so lang, dass die Mäuse beim Fressen Probleme bekommen. Eine Abnutzung der Zähne erfolgt beim Benagen von Zwieback, Knäckebrot und trockenem Vollkornbrot sowie bei der Ernährung mit Körnerfutter. Ergänzend hilft Knabberspielzeug bei der Zahnpflege. Viel Spaß machen den Mäusen kurze Äste und Zweige von ungiftigen Gehölzarten, darunter die von Obstbäumen, Birken, Haselnuss und Buchen. Giftig sind dagegen alle Nadelgehölze, Eibe, Goldregen, Rhododendron und Ginster. Eichen enthalten zu viel Gerbsäure und sind ebenfalls ungeeignet. Die Mäuse können die Zweige nicht nur benagen, sie haben auch großen Spaß daran, darauf herum zu klettern. Wenn Sie bei frischen Zweigen unsicher sind, finden Sie auch in Zoohandlungen ein breites Angebot an geeigneten Nagespielzeugen.

Körnerfutter hilft dabei, dass sich die ständig nachwachsenden Zähne natürlich abschleifen.

Spielzeug

Außer frischen Zweigen lieben die Mäuse auch Spielsachen, die ihre Neugier herausfordern und für Unterhaltung sorgen. Als klassisches Nagerspielzeug wird das Laufrad gehandelt. Hier prallen jedoch die Meinungen aufeinander: Es gibt Befürworter und entschiedene Gegner. Tatsache ist, dass ein artgerechtes Laufrad die Mäuse beschäftigt und sie körperlich fit hält. Nur in Ausnahmefällen (etwa, wenn sonstige Beschäftigungen fehlen) kommt es zu einer suchtartigen Dauerbenutzung des Laufrades. Ein artgerechtes Laufrad für Farbmäuse muss eine geschlossene Rückwand, eine durchgehende Lauffläche und eine offene Vorderwand besitzen. Die Aufhängung des Rades darf sich nur an einer, und zwar der geschlossenen Rückseite des Rades befinden. Andernfalls besteht die Gefahr, dass sich die Maus den Schwanz oder die Gliedmaßen einklemmt („Schereneffekt"). Der ideale Durchmesser des Laufrades beträgt etwa 20 Zentimeter und ist damit gerade so groß, dass die Maus sich bequem halten kann, ohne mit gekrümmtem Rückgrat laufen zu müssen. Wenn das Laufrad quietscht, wird es mit etwas Vaseline geschmiert. Maschinenöl ist tabu, weil die Mäuse es eventuell ablecken und daran erkranken könnten. Neben dem Laufrad lieben Farbmäuse auch noch andere Spielsachen. Diese müssen bevorzugt aus Holz oder anderen ungiftigen Naturmaterialien bestehen, weil bei Kunststoffprodukten die Gefahr besteht, dass abgenagte Plastikpartikel im Magen der Mäuse landen und dort Schäden anrichten könnten. Gut geeignet sind Pappschachteln und -rollen aus ungefärbtem Material,

Laufräder halten Mäuse fit und schlank. Sie müssen aber tiergerecht und sicher konstruiert sein.

zum Beispiel leere Klopapier- und Küchentücherrollen. Auch Korkröhren aus dem Zoohandel, Ziegelsteine mit ausreichend großen Löchern zum Durchkriechen, kleine Holz- und Strickleiterchen und Wurzeln aus ungiftigen Hölzern werden gern angenommen. Zum Balancieren eignen sich gespannte Sisalseile (niemals Kunststoffseile verwenden!) und als „Buddelkiste" ein Schälchen mit sauberem Sand. Auch ein kleiner Heuberg fordert den Spieltrieb der kleinen Nager heraus. Eine der schönsten „Spielzeuge" ist aber der Halter selbst. Zahme Farbmäuse lieben es, auf Menschen herum zu krabbeln. Neugierig kriechen sie in Jackentaschen, Ärmel und Hosenbeine. Das kitzelt zwar etwas, aber gleichzeitig ist es eine wunderbare Erfahrung, wenn unsere pelzigen Freunde uns so viel Vertrauen schenken! Vergessen Sie bei allen Spielangeboten nicht, dass die Mäuse kleine Individuen sind. Jede Maus ist anders, manche geht begeistert und neugierig auf alle angebotenen Spielmöglichkeiten ein, während andere zögern oder sie ignorieren. Finden Sie sich damit ab und versuchen Sie nicht, die kleinen Kerle zu etwas zu zwingen, was ihnen missfällt.

Von oben sieht die Welt ganz anders aus!

Vorsicht beim Schuhe anziehen, wenn Mäuse frei im Zimmer unterwegs sind!

Auslauf

Farbmäuse sind aktive Wesen, die nicht ständig nur in ihrer Behausung sitzen möchten. Auslauf ist sehr wichtig für die kleinen Nager, damit sie fit und munter bleiben. Wenn sie gelegentlich Auslauf bekommen, fördert das ihr Interesse an der Umgebung und hält sie wach und gesund. Man kann die Mäuse in einem geeigneten Raum frei laufen lassen, wenn dieser entsprechend eingerichtet und „mäusesicher" ist. Bedenken Sie dabei, dass Mäuse gern an Zimmerpflanzen knabbern. Da die meisten im Haus gehaltenen Gewächse aber giftig sind, kann dies verheerende Folgen für unsere kleinen Freunde haben. Gefahrenquellen für die Mäuse sind auch gekippte Fenster und angelehnte Türen, in denen sie sich einklemmen könnten und natürlich offene Feuerstellen, heiße Suppenschüsseln, offene Wasserbecken mit steilen Wänden (dazu zählen auch volle Gläser oder Tassen, Badewannen, Toilettenschüsseln, Aquarien etc.), offene Farbgebinde, herumliegende Medikamente, Klebstoff, Zigaretten und frei laufende Haustiere (Katzen!) sowie ungeschützte Elektrokabel. Bewegen sich die Nager frei im Raum, muss vor dem Betreten des Zimmers immer das Licht angemacht werden. Außerdem dürfen Anwesende nicht fest auftreten, sondern bewegen sich am besten mit schlurfenden Schritten vorwärts, um nicht aus Versehen auf die Mäuse zu treten. Vorsicht auch beim Schuhe anziehen – herumstehende Schuhe sind ein beliebtes Mäuseversteck! Kaum ein Halter wird die Mäuse ohne Aufsicht frei herumlaufen lassen. Dennoch kann es beim Auslauf vorkommen, dass ein neugieriges Mäuschen entkommt und sich unter einem Möbelstück, in einer Gardine oder sonst wo versteckt. Das Zimmer in wilder Panik zu durchsuchen macht dann wenig Sinn, verstört die Maus unnötig und verschlimmert damit die Problematik nur. Bewahren Sie einfach die Ruhe und locken Sie die Maus mit etwas Futter an. Wenn sie aus ihrem Versteck hervorkommt (das kann allerdings eine Zeitlang dauern!), dann greifen Sie die Maus nicht ruckartig von oben („Eulengriff"), das würde sie unter Umständen

Eine Pappröhre ist bestens geeignet, um entkommene Mäuse zu fangen. Neugierig inspiziert das Mäuschen die „Höhle"...

... und schon ist der kleine Ausreißer in der Pappröhre verschwunden! Jetzt kann die Maus auf sicherem Weg zurück in ihre Behausung gebracht werden.

zu Tode erschrecken. Formen Sie mit den Händen eine Schüssel, in die Sie den kleinen Ausreißer einschließen. (Wie man Mäuse richtig handhabt, erfahren Sie in dem Kapitel „Zähmung" ab Seite 54.) Es gibt auch eine alternative Fangmethode: Stellen Sie einen Eimer oder eine tiefe Schüssel mit einem duftenden Leckerli darin und einem daran gelehnten Brett als Rampe auf. Irgendwann wird sich das Mäuslein darin selbst fangen und kann zurück in die Behausung gebracht werden. Wer ein Entkommen von Anfang an nicht riskieren will, baut am besten einen abgegrenzten Laufraum, der aus Dachlatten und engmaschigem Draht leicht selbst herzustellen ist. Mit ausreichend Spielzeug, einigen Kletterästen aus ungiftigem Holz und einem Unterschlupf versehen, bietet ein Laufraum von 1,5 x 1,5 x 1,5 Metern (Länge x Breite x Höhe) genug Platz, um den Mäusen Abwechslung und Bewegung zu gewähren. Niemals dürfen Mäuse Auslauf im Freien erhalten, denn wenn sie dort entkommen, sind sie meistens endgültig weg. Sie haben zwar in der freien Natur recht gute Überlebenschancen, werden im schlimmsten Fall aber Opfer von Greifvögeln oder anderen Beutegreifern.

Reinigung des Mäuseheims

Ein gepflegtes Mäuseheim riecht weniger streng als eines, das nur unregelmäßig gereinigt wird. Außerdem stellen schmutzige Behausungen eine Gefahr für die Gesundheit der Mäuse dar. Praktisch täglich müssen die Futternäpfe gereinigt, gammelnde Futterreste entsorgt und die Trinkwasserflasche mit frischem Wasser aufgefüllt werden. Auch die Stellen, an denen die Einstreu besonders verschmutzt oder gar feucht ist (Toilettenplätze), werden bei der Gelegenheit gesäubert. Das nimmt täglich etwa eine halbe Stunde Zeit in Anspruch. Einmal wöchentlich steht dann die gründliche Generalreinigung des Mäuseheims an, die etwas zeitaufwändiger ist. Rechnen Sie dafür je nach Größe und Ausstattung der Behausung mit ein bis zwei Stunden Arbeit. Dabei wird die gesamte Einstreu gegen frische ausgetauscht.

Bevor die neue Einstreu ausgebracht wird, müssen die Bodenwanne, die Gitter des Geheges und die Einrichtungsgegenstände mit heißem Wasser (ohne Zusätze) gesäubert werden. Das betrifft besonders auch alle Holzteile wie zum Beispiel den Schlafkobel und Kletterspielzeug. Sie werden unter heißem Wasser ohne Zusatz von Reinigungsmitteln abgespült. Hartnäckige Schmutzreste können mithilfe einer Wurzelbürste entfernt werden. Vor dem Zurückstellen der Holzteile müssen diese erst gut abtrocknen, denn Feuchtigkeit bekommt den Mäusen überhaupt nicht. Wenn die Nager in einem Behältnis mit Glas- oder transparenten Kunststoffwänden gehalten werden, müssen auch alle Flächen abgewaschen und anschließend gut abgetrocknet werden. Niemals dürfen scharfe Reinigungsmittel beim Säubern des Mäuseheims verwendet werden. Selbst wenn sie für uns Menschen geruchlos sind, können sie bei den Mäusen zu Atemwegserkrankungen führen. Manche Farbmäuse bevorzugen bestimmte Ecken in ihrer Behausung als Toilette. Wenn Sie an diesen Stellen etwas Natronpulver unter die Einstreu mischen, kann das die Entstehung strenger Gerüche mindern.

Nur in einem sauberen und gut belüfteten Heim fühlen sich Ihre Mäuse mausewohl.

Weitere Pflegemaßnahmen

Farbmäuse sind relativ pflegeleicht. Sie sind recht reinliche kleine Wesen, die sich selbst oder einander gegenseitig putzen. Um die Fellpflege brauchen Sie sich also in der Regel nicht zu kümmern. Wichtig ist aber eine regelmäßige Kontrolle der Ohren Ihrer Farbmäuse. So können Entzündungen und Parasiten rechtzeitig entdeckt und behandelt werden, bevor sie schlimme Schäden anrichten können. Ein Parasitenbefall oder Infektionen erkennen Sie an atypischen dunklen bis rötlichen Verfärbungen im Ohrinneren. Oft kommt ein unangenehmer Geruch hinzu. Ein anderer Hinweis auf eine Ohrenerkrankung ist das häufige Kratzen oder Kopfschütteln. Treten solche Probleme auf, empfiehlt sich der Gang zum Tierarzt, bevor auch andere Mäuse aus der Gruppe sich anstecken. Eine gelegentliche Kontrolle der Schneidezähne verhindert, dass diese zu lang werden und dem Mäuschen Probleme beim Fressen bereiten. Ausreichend Nagematerial kann überlangen Zähnen zwar vorbeugen, hilft aber nicht immer, sie zu verhindern. Auch hier hilft

Mäuse sind sehr reinlich und putzen sich mehrmals täglich selbst, damit ihr Fell sauber und glänzend bleibt.

im Ernstfall der Tierarzt. In seltenen Fällen wachsen die Krallen der Nager schneller als sie abgenutzt werden. Mäuse mit zu langen Krallen bewegen sich auffällig. Weil das richtige Stutzen der winzigen Mäusekrallen, in denen sich auch empfindliche Blutgefäße befinden, nicht ganz einfach ist, überlässt man das am besten dem Tierarzt. Zu den wichtigsten Pflegemaßnahmen gehört jedoch das tägliche Streicheln („groomen") und das Spielen mit den kleinen Nagern. Mäuse sind ganz wild auf Beschäftigung und Gesellschaft. Mangelt es ihnen an Anregungen und Ablenkungen durch Artgenossen oder ihren Halter, werden sie rasch scheu und zeigen unter Umständen Verhaltensauffälligkeiten oder werden sogar krank. Sie freuen sich aber umso mehr, wenn ihr Halter ihnen täglich bis zu einer Stunde intensiver Aufmerksamkeit schenkt. Das darf jedoch nur in den Wachphasen der Mäuse geschehen. Niemals dürfen Farbmäuse abrupt aus dem Schlaf gerissen werden, weil ihr Halter gerade Lust auf ein Spielstündchen hat. Halten Sie sich also strikt an die natürlichen Aktivitätsphasen der Mäuse und akzeptieren Sie es, wenn die kleinen Freunde nicht jederzeit bereit zum Spielen sind.

Ernährung

Mäuse sind grundsätzlich Allesfresser (in der Fachsprache: omnivore Nager). Diese Eigenschaft machte sie zu überaus anpassungsfähigen und damit im Überlebenskampf sehr erfolgreichen Geschöpfen. In der freien Natur fressen sie trotz ihrer Vielseitigkeit jedoch vor allem Getreide und Sämereien. Grünfutter können sie, anders als zum Beispiel Kaninchen, nur in geringen Mengen verarbeiten. Dennoch darf frisches Obst und Gemüse bei der täglichen Ernährung nicht fehlen. Zusätzlich brauchen Mäuse auch etwa tierisches Eiweiß. Das gilt besonders für heranwachsende Mäusekinder sowie für trächtige und säugende Weibchen. Ernährungswissenschaftlich besteht die artgerechte, ausgewogene Nahrung für Farbmäuse aus folgenden Bestandteilen:

Eiweiße (Proteine; 15 bis 22 %)

Proteine sind nötig zum Aufbau und der Regeneration von Körpersubstanz, besonders bei trächtigen Weibchen. Pflanzliche Eiweiße sind zum Beispiel in Getreide und Sonnenblumenkernen enthalten. Tierische Eiweiße finden sich in Quark, Naturjoghurt, Käse, aber auch in Insekten wie Mehlwürmern und Grillen.

Kohlenhydrate (48 bis 60 %)

Sie machen mengenmäßig den Hauptbestandteil der Nahrung aus und dienen der Bereitstellung von Energie. Sie kommen vor allem in Getreide und Sämereien vor. Farbmäuse verschmähen aber auch rohe Nudeln, Backoblaten, Knäckebrot oder hart gewordenes Vollkornbrot nicht.

Fette (3 bis 5 %)

In der Ernährung spielen Fette besonders wegen ihrer lebenswichtigen (essentiellen) Fettsäuren und bei der Aufnahme von Vitaminen eine Rolle. Manche Vitamine sind fettlöslich und können vom Körper nur bei gleichzeitigem Verzehr von Fett aufgenommen werden.

Ballaststoffe

Der Anteil an Ballaststoffen in der Nahrung variiert, je nachdem, was gefüttert wird. Ballaststoffe sind wichtig für eine gute Verdauung der Nahrung und unterstützen die Darmfunktion.

Körner, Früchte, frisches Grünfutter – der Speisezettel der Mäuse darf bunt und vielfältig sein.

Hart gewordenes Brot ist eine Leckerei, die keineswegs in solchen Massen gegeben werden darf.

Vitamine und Mineralien

Zusätzlich zu den Grundnährstoffen brauchen Farbmäuse auch Vitamine, Mineralien und Spurenelemente. Sie sind in der Regel ausreichend in Getreide, frischem Gemüse und Grünfutter vorhanden, vorausgesetzt die Ernährung ist artgerecht und abwechslungsreich. Die zusätzliche Gabe von synthetischen Vitaminen ist meist nicht nötig, kann aber in der Zucht bei trächtigen Weibchen von Vorteil sein.

Dies darf aber nicht ohne vorherige Absprache mit dem Tierarzt geschehen. Vitamin C braucht nicht zugeführt werden, das können die Nager selbst erzeugen. Ganz gleich, ob Fertigfutter oder eine selbst zusammengestellte Kost verabreicht wird: Immer muss ausreichend sauberes Trinkwasser zur Verfügung stehen. Besonders im Sommer haben Farbmäuse einen hohen Wasserbedarf!

Trauben sind ein süßer Leckerbissen für die kleinen Nager, der seltener angeboten werden sollte.

Fertigfutter und Ergänzungen

Im Zoohandel angebotene Futtermischungen, die speziell für Mäuse zusammengestellt wurden, enthalten eigentlich alles, was die Mäuse täglich brauchen. Mit so genannten Voll-, Komplett- oder Alleinfuttermischungen für Mäuse geht man kein Risiko ein und spart eine Menge Arbeit und Zeit. Sie brauchen auch nicht durch zusätzliche Gaben von tierischem Eiweiß ergänzt zu werden, da sie bereits Fleischbröckchen in ausreichender Menge enthalten.

Achten Sie aber darauf, ausdrücklich Mäusefutter zu kaufen. Rattenfuttermischungen sind nicht das Gleiche. Sie enthalten oft Fischmehl, das wegen der Salmonellengefahr und der starken Geruchsentwicklung der Ausscheidungsprodukte nicht an Mäuse verfüttert werden darf. Sowohl als Leckerli wie auch als Futterergänzung ungeeignet sind geräucherte Wurst- und Fleischwaren, stark gewürzte Essensreste sowie Schokolade und andere Süßigkeiten.

Körnerfutter ist reich an Ballaststoffen und wird den natürlichen Bedürfnissen der Nager gerecht.

Futter selbst zusammenstellen

Wenn die Mäuse zusätzlich etwas zum Naschen bekommen sollen, dann können das Knabberartikel wie Körnerpresslinge, Nagerkräcker oder Hundekuchen sein, aber auch hartes Vollkornbrot oder Hölzer von ungiftigen Bäumen sind geeignet. Dieses so genannte Beschäftigungsfutter bringt Abwechslung in den Mäusealltag und hilft den Nagern beim Abschleifen der Zähne.

Nicht jeder möchte dem Fertigfutter aus dem Handel vertrauen. Obwohl es kaum nötig ist, können wir das Futter für unsere kleinen Lieblinge auch selbst zusammenstellen. Im Wesentlichen besteht der Speiseplan aus drei Komponenten: Grundfutter, Grünfutter und Eiweißfutter, ergänzt durch Leckerbissen und Beschäftigungsfutter:

Spaß macht auch der eigene Mini-Garten – und schmeckt lecker.

Grünfutter hält Mäuse fit. Natürlich muss es ungespritzt sein, damit es wirklich gesund ist.

Grundfutter

Es besteht aus ganzen Getreidekörnern (Hafer ohne Spelzen, Weizen, Kolbenhirse, Gerste), ergänzt durch Leinsaat, Buchweizen, Hanf sowie kleine Mengen von Mais, Dinkel, unpoliertem Reis und Haferflocken. Erhältlich sind diese Getreide in Bioläden und Reformhäusern. Diese Herkunft hat den Vorteil, dass die Nahrung weit gehend frei von Pestiziden und anderen Umweltgiften ist. Die Aufbewahrung muss dunkel, kühl und trocken erfolgen, damit weder Schimmel noch Schädlinge die Nahrung unbrauchbar machen. Weizen kann bei Farbmäusen manchmal zu Allergien (Ausschlägen) führen. Wird das beobachtet, muss er von der Speisekarte gestrichen werden!

Mehrere Futtergaben täglich oder ständig verfügbares Körnerfutter verhindern, dass die kleinen Nager Hunger leiden.

Rohkost

Als Frischfutter eignen sich ungespritztes Obst und Gemüse, zum Beispiel Äpfel, Birnen, Karotten, Sellerie und Salatgurke.

Nicht gefüttert werden dürfen Zitrusfrüchte, Kiwi und andere Exoten, Kartoffeln (auch kein Kartoffelkraut!) und andere Nachtschattengewächse, Zwiebelgewächse und Kohl, der Blähungen und üble Gerüche verursachen kann. Rohe Hülsenfrüchte enthalten Blausäure und sind ebenfalls tabu!

Außerdem freuen Mäuse sich über Kräuter wie zum Beispiel Löwenzahn, Wegerich, Schafgarbe, Petersilie, Dill, Melisse und Blüten, etwa Sonnen-, Gänse- und Ringelblumen. Natürlich müssen alle Kräuter und Blüten ungespritzt sein und dürfen nicht am Rande von „Hunde-Autobahnen" gesammelt werden.

Manchmal wird auch die Gabe von Heu empfohlen. Die Mäuse fressen es eher selten, sondern polstern ihre Schlafplätze damit aus. Das kann allerdings heikel sein, weil mit dem Heu Parasiten (Milben, Zecken) eingeschleppt werden können, die dann den Mäusen das Leben schwer machen. Unproblematisch und bei den Mäusen beliebt ist die Gabe von frischen Ästen und Zweigen ungiftiger Baumarten (Obstbäume, Birke, Haselnuss).

Eiweiß

Die Gabe von tierischem Eiweiß ist bei heranwachsenden Mäusen bis zur siebten Lebenswoche sowie für trächtige und säugende Weibchen unverzichtbar, aber auch alle anderen Mäuse wissen einen gelegentlichen Happen von tierischem Eiweiß zu schätzen. Das kann ein Klacks Quark, Hüttenkäse oder Joghurt sein, ein Schnitz Hartkäse (ohne Edelschimmel oder Aromen!), etwas hart gekochtes Hühnerei oder lebende Insekten. Letzteres mag etwas gewöhnungsbedürftig und nicht für jeden zumutbar sein. Dennoch: Wer seinen Mäusen etwas Gutes tun will und sich dazu überwinden kann, findet in Zoohandlungen auch kleine Mengen lebender Mehlwürmer, Steppengrillen oder Heimchen zum Kauf angeboten

Diese Satinmaus verzehrt gerade eine Mehlkäferlarve, die im Volksmund auch Mehlwurm genannt wird. Besonders während der Trächtigkeit sind solche Gaben von tierischem Eiweiß nötig.

Wie oft muss gefüttert werden?

Farbmäuse haben einen sehr schnellen Stoffwechsel. Das bedeutet, dass sie nicht lange ohne Nahrung auskommen können, ohne zu leiden. Deshalb muss entweder mehrmals am Tag gefüttert werden oder die Nager müssen permanenten Zugang zum Futter haben. Fastenzeiten sind für die Tiere qualvoll und müssen vermieden werden! Am besten ist es, wenn die Mäuse immer ein Schälchen mit Grundfutter zur Verfügung haben. Frischfutter wird am besten ein Mal täglich abends verabreicht. Die Reste des nicht verzehrten Grünfutters müssen bald danach aus der Mäusebehausung entfernt werden, damit es nicht gammelt und Schimmel oder Fäulnis zu Infektionskrankheiten führen. Tierisches Eiweiß wird in der Regel drei bis vier Mal, aber mindestens ein Mal pro Woche gefüttert. Hier ist besonders darauf zu achten, dass die lebenden Insekten von den Mäusen sofort verspeist werden. Ansonsten kann es passieren, dass nicht gefressene Insekten entweichen und sich unkontrolliert vermehren und in der Wohnung ausbreiten!

Bei der Gabe von Grünfutter muss darauf geachtet werden, dass übrig gebliebene Reste entfernt werden, bevor sie zu gammeln anfangen.

Wie viel Futter braucht meine Maus?

Die richtige Antwort auf diese Frage ist einfach: So viel wie nötig, so wenig, wie möglich. Zu reichliche Futterzufuhr führt rasch zu Fettleibigkeit, zu wenig oder nicht ausgewogenes Futter hat Mangelerscheinungen zur Folge. Also verabreicht man knappe Futterrationen, die an einem Tag verzehrt werden können. Das verhindert auch, dass Futterreste im Mäuseheim herumliegen und vergammeln. Grundsätzlich kann bezüglich der Futtermenge nach folgender Tabelle verfahren werden, vorausgesetzt die Mäuse sind nicht übergewichtig, trächtig oder säugend:

Gewicht (in Gramm)	Futterbedarf (in Gramm)
20	3
30	4,5
40	6
50	7,5
60	9
70	10,5
80	12

Aha!

Futterverstecke

Wenn Mäuse mehr Nahrung verbrauchen, aber nicht deutlich zunehmen, kann der Grund auch folgender sein: Manche Farbmäuse „hamstern" Futter in Verstecken oder in ihrem Kobel. Es lohnt sich, hin und wieder nach solchen Futterverstecken zu suchen und sie zu beseitigen, damit das Futter nicht vergammelt.

Ein Leckerbissen zwischendurch ...

Zähmung

Eine Farbmaus, die neu in den Haushalt gekommen ist, wird meistens noch scheu und verängstigt reagieren, wenn wir uns nähern. Freundschaft zu schließen ist für die kleinen Pelzträger nicht so einfach, wenn sie abrupt aus ihrer gewohnten Umgebung heraus gerissen, von ihren Wurfgeschwistern getrennt und in ein neues Heim verpflanzt wurden. Lassen wir ihnen also zunächst etwas Zeit, sich einzugewöhnen. Die neue Behausung mit all den fremden Gerüchen und Geräuschen muss erst in Ruhe verarbeitet werden.

In der Regel genügen zwei bis drei Tage, bis dann doch die Neugier der Neuankömmlinge siegt und sie sich aus ihrem Versteck hervortrauen. Beobachten ist in dieser Zeit erlaubt, nicht aber ein Anfassen der neuen Mitbewohner. Auch nach der Eingewöhnung dürfen wir die Nager aber nicht gleich packen und hoch heben, um sie zu streicheln und zu liebkosen. Besonders Kindern fällt die Zurückhaltung schwer, aber sie ist unbedingt nötig. Ein Anfassen und Aufnehmen ohne vorheriges kennen lernen würden die kleinen Kerlchen als Angriff werten und einen Schock bekommen, denn sie wissen ja nicht, dass wir es nur gut mit ihnen meinen. Eine Annäherung an derart verängstigte Mäuse wäre in Zukunft nur noch schwieriger.

Die ersten Schritte zur Freundschaft

Ein erster Schritt zur dauerhaften Freundschaft mit den Mäusen besteht darin, die Hand möglichst oft in die Behausung zu legen, damit sich die kleinen Kerle an den Geruch gewöhnen.

Auf Parfüms und duftende Handcremes sowie Ringe und klappernde Armbänder verzichten wir natürlich, um den Geruchssinn der Mäuse nicht zu verwirren und sie nicht unnötig nervös zu machen. Wenn die Mäuse keine Angst mehr vor unserer passiv da liegenden Hand zeigen (das ist meist nach dem Ende der ersten Woche), nehmen wir als nächsten Schritt einen Leckerbissen in die Hand und locken unsere zukünftigen Freunde

Nur keine Angst zeigen! Mit der Zeit können Halter eine innige Beziehung zu ihren Mäusen aufbauen.

Die kleinen Nager lieben es, wenn sie Zuwendung und Liebe von „ihrem" Menschen bekommen.

damit an. Gut eignen sich Sonnenblumenkerne, ein Apfelschnitz oder auch ein Mehlwurm. Wenn die Mäuse sich ohne Scheu nähern und sich bedienen, gehen wir einen Schritt weiter und legen die Leckerei auf die flache Hand.

Bei ganz scheuen Mäusen kann es eine Zeitlang dauern, bis sie sich freiwillig nähern. In sehr hartnäckigen Fällen kann es helfen, den Futternapf für kurze Zeit aus der Behausung zu entfernen, damit der Hunger die Mäuse ihre Hemmungen vergessen lässt. Wenn die kleinen Nager merken, dass ihnen nichts geschieht, werden sie danach furchtloser sein. Lassen Sie hartnäckige Verweigerer aber bei ausbleibendem Erfolg nicht zu lange hungern, die kleinen Kerlchen haben nicht viele Reserven und leiden schon nach wenigen Stunden ohne

Nahrung schrecklich! Beobachten Sie die Mäuse bei den Annäherungsversuchen aufmerksam. Wenn eine Maus sich duckt, klein macht oder gar zu zittern beginnt, bedeutet es, dass sie Angst hat. Ziehen Sie sich dann sofort zurück. Erst, wenn der Nager sich furchtlos mit dem Leckerli beschäftigt, dürfen Sie eine Berührung der Maus wagen, vielleicht ein sanftes Streicheln oder ein vorsichtiges Kraulen unter dem Kinn oder hinter den Ohren. Vermeiden Sie dabei ruckartige Bewegungen und lassen Sie die Mäuse noch in ihrer Behausung. Wenn die Vertrautheit größer wird, dürfen Sie die Maus auch aufnehmen und hoch heben. Ganz vorwitzige Kerlchen nutzen die Chance dann vielleicht schon, um sich auf Ihre Schulter zu setzen und von dort aus die Lage zu sondieren.

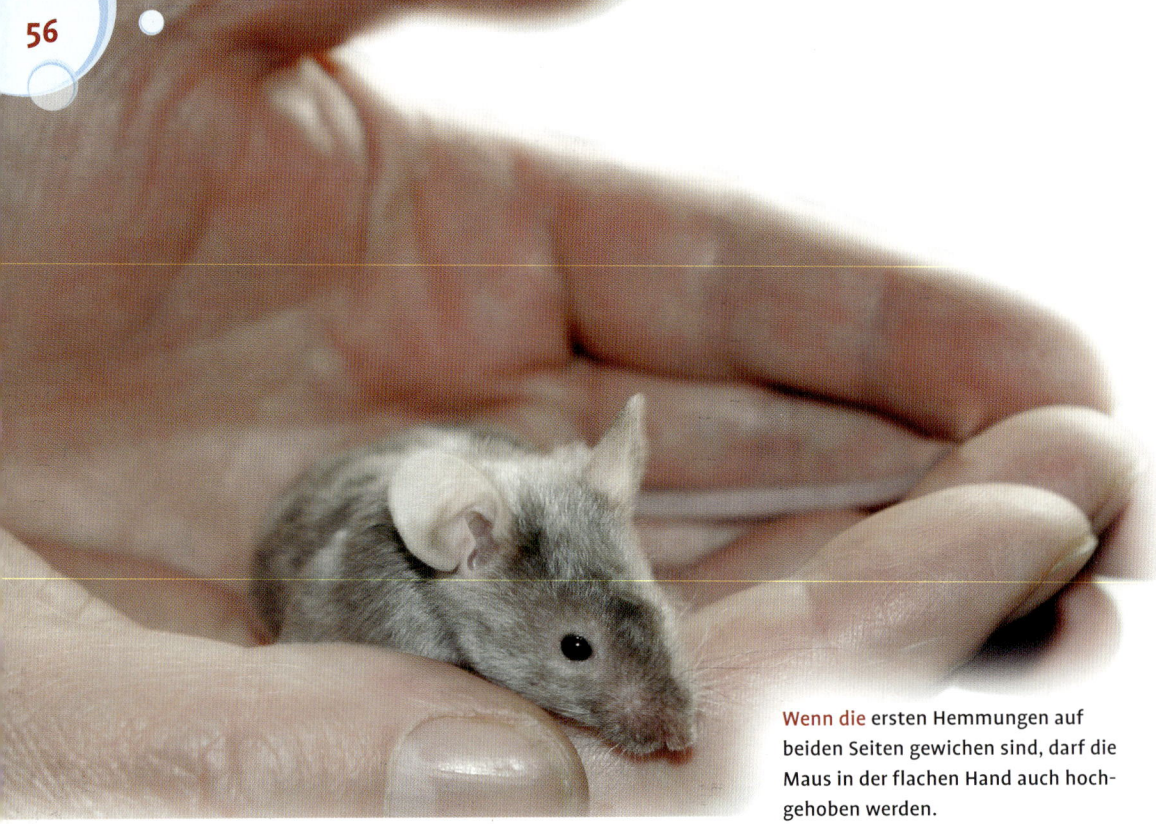

Wenn die ersten Hemmungen auf beiden Seiten gewichen sind, darf die Maus in der flachen Hand auch hochgehoben werden.

Aufnehmen der Mäuse

Wer Farbmäuse hält, möchte sie auch berühren, in der Hand halten und auf dem Arm herumlaufen lassen. Zahme Tiere brauchen sogar unsere Zuwendung. Sie genießen es, wenn wir uns mit ihnen beschäftigen und sie sanft streicheln („groomen"). Geschieht dies regelmäßig und immer etwa zur gleichen Tageszeit, dann stellen sich die Mäuse darauf ein und warten regelrecht auf „ihren Menschen". Gewissenhafte Halter schenken ihren Mäusen jeden Tag eine halbe bis eine Stunde Zuwendung. Damit die Nager dies auch wirklich genießen, kommt es auf die richtige Handhabung an. Niemals darf man mit einem beherzten Griff von oben die Maus packen, weil das einen Schock oder einen automatischen Fluchtreflex bei den Mäusen auslöst. Aus der Luft nähern sich nämlich erfahrungsgemäß die Feinde der Nager, Eulen und Greifvögel. Am besten nähern Sie sich Ihren Farbmäusen von der Seite, greifen sie vorsichtig mit beiden Händen unter dem Bauch und schließen die Hände zu einer Schüssel oder Höhle zusammen. Behalten Sie diese Höhle auch bei, wenn Sie die Maus hochheben, damit sie nicht entschlüpft und auf den Boden fällt. Die Maus muss sicher, aber nicht zu fest in der Höhlung der Hand gehalten werden. Auf keinen Fall darf die Maus am Schwanz, an den Ohren oder sonstigen Extremitäten hochgehoben werden. Nur in Notfällen dürfen Mäuse an der Schwanzwurzel, nicht aber an der Schwanzspitze, hochgehoben werden. Mit der Zeit werden ihre Mäuse sich daran gewöhnen, von Ihnen aufgenommen zu werden und sie kommen dann von selbst herbei. Dann genügt es meist, den kleinen Pelzträgern die offene Hand hinzuhalten, auf die sie bereitwillig klettern, um sich ihre Streicheleinheiten abzuholen.

Aber nicht jede Maus ist so tollkühn. Oft braucht es Tage, bis die Angst der Neugierde weicht. Auch hier gilt: Wenn Ihr pelziger Freund Angstreaktionen erkennen lässt, setzen Sie die aufgenommene Maus wieder in die gewohnte Umgebung ihrer Behausung zurück. Mitunter kommt es schon mal vor, dass ängstliche Mäuse zubeißen. Dann dürfen Sie den kleinen Übeltäter auf keinen Fall anschreien, bestrafen oder gar fallen lassen. Das Zwicken ist eine natürliches, spontanes Abwehrverhalten und nicht gegen Sie persönlich gerichtet. Die verängstigte Maus hat nur einfach keine anderen Abwehrmechanismen als sich mit ihren Zähnchen zu verteidigen. Es gibt auch noch einen anderen Grund für das Zubeißen: Es kann sein, dass die Maus sich in dem Moment, wo wir Kontakt suchen, lieber zurückziehen möchte oder gar geschlafen hat. Hier gilt: Der Klügere gibt nach. Es ist leichter für uns, die Bedürfnisse der Mäuse und ihre Schlaf- und Wachphasen zu akzeptieren, als umgekehrt. Und noch etwas muss betont werden: Eine Vertrautheit kann nur langsam erarbeitet werden, bleibt aber dann nicht automatisch für ein ganzes Mäuseleben bestehen. Farbmäuse verhalten sich nur dann auf Dauer handzahm und zutraulich, wenn man sich regelmäßig um sie bemüht und den Kontakt ständig auffrischt.

Mäuse sind neugierig und gewinnen mit viel Zuwendung Vertrauen zu „ihrem" Menschen.

Meine gesunde Farbmaus

Wenn Farbmäuse artgerecht gehalten, gesund ernährt werden und die Behausung regelmäßig gesäubert wird, treten recht selten Krankheiten auf. Verantwortungsvolle Halter beobachten ihre Mäuse täglich und achten auf ihr Verhalten. So lassen sich Krankheiten meist schon im Ansatz erkennen, gegebenenfalls therapieren und eine Ansteckung von Artgenossen verhindern.

Gesundheitscheck für Farbmäuse

○ Beim Füttern müssen alle Mäuse zum Fressnapf kommen und nach Futter suchen.

○ Gesunde Farbmäuse sind an ihrer Umgebung interessiert, munter, neugierig und agil, sie buddeln in der Einstreu und laufen viel herum.

○ Das Fell muss sauber, dicht und glatt sein. Gesunde Farbmäuse putzen sich entweder selbst oder gegenseitig.

○ Die Augen müssen klar und dürfen nicht verklebt sein. (Augenprobleme können auch durch staubige Einstreu hervorgerufen werden.)

○ Der After darf nicht schmutzig oder verklebt sein.

○ Die Mäuse müssen ein normales Gewicht aufweisen. Magern sie trotz ausreichender Futtergabe ab, weist dies auf Krankheit hin.

○ Die Körpertemperatur von Farbmäusen liegt mit etwa 37,2 bis 38,7 °C über der des Menschen. Eine gesunde Maus hat eine Herzschlagfrequenz (je nach Aktivität) von etwa 320 bis 780 Schlägen und macht 120 bis 200 Atemzüge pro Minute.

Agil, neugierig, klare Augen, ein dichtes, sauberes Fell – so sehen gesunde Farbmäuse aus!

Atemwegsinfektionen

Zu den häufigsten Erkrankungen gehören Atemwegsinfektionen. Ursachen können Zugluft, Bakterien, Viren und andere Erreger sein, vor allem aber die hoch ansteckenden Mykoplasmen (Mykoplasma pulmonis). Typische Symptome sind Ausfluss aus der Nase, häufiges Niesen sowie rasselnde, knackende, keuchende oder pfeifende Atemgeräusche. Offensichtlich erkrankte Mäuse müssen umgehend von ihren Artgenossen isoliert werden, um eine Ansteckung des gesamten Bestandes zu vermeiden. Gehen Sie mit erkrankten Tieren gleich zum Tierarzt, weil sonst die Gefahr besteht, dass die Krankheit chronisch oder lebensbedrohlich wird. Bei der gefürchteten Mykoplasmose zeigen infizierte Mäuse zunächst oft keine Symptome einer Erkrankung. Erst wenn ihr Immunsystem durch Stress, Trächtigkeit oder Mangelernährung geschwächt wird, bricht die Krankheit aus. Zu der erschwerten Atmung kommen später Abszesse hinzu und der Erreger kann ins Gehirn der Mäuse wandern. Als Folge treten dann Hirnhautentzündung (Enzephalitis) oder die so genannte Rollkrankheit (Labyrinthitis) auf, die nicht therapierbar sind und wenige Wochen nach Ausbruch der Krankheit zum Ableben der Maus führen. Mykoplasmose ist nicht restlos heilbar, infizierte Mäuse bleiben lebenslang ansteckend. Der Erreger ist nur von Maus zu Maus übertragbar und befällt nicht den Menschen.

Päppelbrei
Ist Ihre Maus krank und frisst nicht von alleine, kann ihr ein Päppelbrei helfen, den Sie ihr von einem Löffel oder aus einer nadellosen Spritze anbieten. Päppelbrei erhalten Sie im Zoofachhandel, Sie können ihn aber auch selbst anrühren.

Durchfallerkrankungen

Ursache für Durchfallerkrankungen können schlechte Haltungsbedingungen sein, also feuchte Einstreu und verschmutztes Trinkwasser oder gammelndes Futter. Häufig sind aber auch Viren, Bakterien oder Band- bzw. Rundwürmer die Verursacher. Die Symptome sind eindeutig: Die Mäuse setzen breiigen Kot ab und After und Schwanz sind mit Kot verschmiert. Die betroffenen Mäuse magern rasch ab. Als Therapie empfiehlt sich der tägliche Wechsel der Einstreu, die reichliche Gabe von frischem Trinkwasser und der Gang zum Tierarzt. Wenn Würmer als Verursacher vermutet werden, muss vom Tierarzt eine Wurmkur durchgeführt werden. Zur Vorbeugung wird empfohlen, auf die Gabe von rohen Fisch- und Fleischprodukten und rohen Eiern zu verzichten.

So erkennen Sie schnell, wenn Ihre Maus stark ab- oder zunimmt.

Hautveränderungen

Als mögliche Ursache für Hautveränderungen kommen Parasiten (Läuse, Flöhe, Haarlinge und Milben), Pilzbefall, Allergien und Ernährungsfehler infrage. Auffällige Symptome sind mattes, stumpfes Fell, flächiger Haarausfall mit nässenden, stark juckenden Ekzemen (die Mäuse kratzen sich zwanghaft) sowie Schorfbildung. Gehen Sie unbedigt zum Tierarzt, um schnellstmöglich die Ursache für eine Hautveränderung herauszufinden.
Bei Allergien und falscher Ernährung hilft meist eine Nahrungsumstellung: Grundfutter ohne Weizen und eine Reduzierung des Eiweißgehaltes im Futter. Manchmal verursacht auch die Einstreu Allergien. Hier empfiehlt sich der Wechsel der Einstreusorte und ein Ausweichen zum Beispiel auf Hanfhäcksel.

Hygiene

Die beste Vorbeugung gegen Krankheiten und Parasiten ist gute Hygiene. Regelmäßige Futterkontrollen und ein gründliches Reinigen der Mäusebehausungen können Krankheiten schon im Ansatz verhindern. Wenn dennoch einmal ansteckende Krankheiten auftreten, hilft eine Desinfektion der Behausung mit einem Flächendesinfektionsmittel, die Ausbreitung oder Verschleppung der Krankheit zu verhindern. Futternäpfe, Schlafhäuschen und andere Einrichtungsgegenstände können ausgekocht oder zwei Stunden im 100 ° C heißen Backofen sterilisiert werden.
Wenn Schlafhäuschen, Futternäpfe oder anderes aus fremden Behausungen übernommen werden, müssen diese Gegenstände auch desinfiziert werden, um das Einschleppen von Erregern zu verhindern.
Beim Kauf von neuen Mäusen muss darauf geachtet werden, dass sie gesund und frei von Parasiten sind. Im guten Tierhandel und bei verantwortungsvollen Züchtern kann man in der Regel sicher sein, dass dem so ist.

Achten Sie auf gute Hygiene im Mäuseheim und entfernen Sie beispielsweise rechtzeitig angefaultes Obst und Gemüse.

Mit einer abwechslungsreichen Gehegegestaltung beugen Sie Verhaltensstörungen vor.

Tumore

Farbmäuse sind, besonders im Alter, anfällig für Tumorbildung. Tumore können an jeder Körperstelle auftreten und können im Frühstadium oft noch herausoperiert werden. Vor allem bei älteren Tieren bilden sich solche Geschwüre, die dann relativ langsam wachsen. Treten sie bei Jungtieren auf, dann sind sie meist aggressiver.

Ein echter Tierfreund gestaltet die letzte Lebensphase einer von Tumoren befallenen Maus so liebevoll wie möglich und lässt sie erst bei sichtbarem Unbehagen vom Tierarzt sanft einschläfern.

Verhaltensstörungen

Auffälliges oder abweichendes Verhalten kann, muss aber nicht auf eine Erkrankung hinweisen. Manche Verhaltensweisen entstehen durch die Haltung in beengten Behausungen, isolierte Haltung oder mangelhafte Zuwendung und haben somit seelische Ursachen. Eine der häufigsten Störungen ist das so genannte Zwangsputzen. Manche Mäuse werden von ihren Artgenossen übermäßig geputzt, so dass es beim „Opfer" zu Haarausfall kommt. Meistens hilft eine Neuordnung der Gruppe, dieses Verhalten zu unterbinden.

Kranke Mause brauchen unsere Zuwendung und LIebe, damit sie wieder gesund werden. Manchmal helfen die genannten Therapievorschläge, aber es gibt immer wieder auch Situationen, in denen der Halter überfordert ist und nur der Tierarzt helfen kann. Im Zweifelsfall ist es besser, sofort professionelle Hilfe zu suchen, bevor das Leiden des kleinen Patienten sich verschlimmert. Hier stellt sich dann oft die Frage nach der Verhältnismäßigkeit: Wenn die Behandlung der erkrankten Maus mehr kostet als die Anschaffung einer neuen, verbindet sich mit der finanziellen Frage auch eine ethische. Vergessen wir aber nicht, dass wir in der kleinen Maus einen lieb gewonnenen Freund und ein lebendiges Wesen gefunden haben, dessen Verlust schmerzhaft ist. Besonders für Kinder ist das ein wichtiger Aspekt und deshalb darf hier nicht aus rein materiellen Erwägungen gehandelt werden.

Im Vordergrund müssen immer das Wohl der Maus und die Gefühle der betroffenen Halter stehen. Raues Fell, matte Augen und ein krummer Rücken müssen übrigens nicht immer auf Krankheiten hinweisen. Oft sind dies die Anzeichen dafür, dass eine Maus älter wird oder an Mangelerscheinungen leidet. Treten diese Symptome auf, kann eine abwechslungs- und vitalstoffreiche Ernährung oft Abhilfe schaffen. Eine Verjüngungskur ist das allerdings nicht – wenn die Zeit für eine Maus gekommen Ist, heißt es manchmal eben leider, Abschied zu nehmen.

Zucht

Wenn mehrere Mäuse beiderlei Geschlechts zusammen gehalten werden, stellt sich unweigerlich Nachwuchs ein. Das Gerücht, dass Mäuse sich nicht weiter vermehren, wenn zu viele von ihnen in einer engen Behausung untergebracht sind, stimmt leider nicht. Getrenntgeschlechtliche, geschlechtsreife Mäuse vermehren sich unabhängig von der Populationsdichte immer weiter. Wenn keine Nachkommen erwünscht sind, die wiederum Nachkommen zeugen und so weiter, dann dürfen nur gleichgeschlechtliche Paare oder Gruppen gleichen Geschlechts gehalten werden. Alternativ kann man auch kastrierte Böcke zusammen mit Weibchen halten. Manchmal ist Nachwuchs aber ausdrücklich erwünscht. Sei es, um eine größere Gruppe zu bekommen oder weil man Mäuse an Bekannte und Freunde abgeben möchte, oder sei es, um ins professionelle Zuchtgeschäft einzusteigen, bestimmte Merkmale durch Rassezucht auszuprägen oder an Ausstellungen teilzunehmen. Die unkontrollierte Vermehrung von Farbmäusen ist mit der bewussten Zucht nicht vergleichbar. Verantwortungsvolle Züchter achten darauf, dass nur die Mäuse sich paaren und fortpflanzen, die sie für die Zucht ausgewählt haben. So wird unerwünschter Nachwuchs von vornherein ausgeschlossen und viel Mäuseleid verhindert.

Eine Maus kann bei einem Wurf bis zu 20 Junge zur Welt bringen. Ein so großer Kindersegen ist aber nicht die Regel, oft gibt es auch kleinere Würfe.

Zuchtreife

Farbmäuse werden im Alter von etwa einem Monat geschlechtsreif (Weibchen mit 28 Tagen, Böcke mit 34 bis 38 Tagen). Geschlechtsreif bedeutet dabei aber nicht, dass die Mäuse zuchtreif sind. Damit sichergestellt ist, dass die Elterntiere gesund sind, muss deren körperliche Entwicklung abgeschlossen sein. Dies ist nicht vor der 12. (Weibchen) bzw. 16. (Böcke) Woche der Fall. Um sicher zu gehen, dass das Weibchen nicht zu früher Tumorbildung oder anderen Erbkrankheiten neigt, muss sogar noch länger mit der Zucht gewartet werden. Fachleute plädieren dafür, mit ausgewählten Farbmäusen nicht vor dem vierten Lebensmonat zu züchten. Andererseits darf ein Weibchen bis zum ersten Zuchteinsatz auch nicht älter als acht Monate sein. Farbmäuse, die zur Zucht verwendet werden sollen, müssen nicht nur im richtigen Alter, sondern auch gesund und inzuchtfrei sein. Am sichersten ist es, sich Männchen und Weibchen aus unterschiedlichen Zuchtbetrieben zu beschaffen, damit sie nicht miteinander verwandt und damit potenziell inzuchtgefährdet sind. Die putzigen Nager sind nämlich mehr als nur die Summe von einigen Genen, die beliebig miteinander gemischt werden können, um möglichst attraktive Farbvarianten oder Felltypen zu erzielen. Damit Krankheiten und vererbte Verhaltensstörungen so weit wie möglich ausgeschlossen werden können, ist zumindest ein Grundwissen über Vererbungslehre und Genetik nötig. Auskunft darüber geben Züchterverbände und natürlich Bücher, die man in jeder Stadtbibliothek kostenlos ausleihen kann.

Paarung und Trächtigkeit

Zur Paarung wird ein Männchen mit ein oder zwei Weibchen zusammen in eine Behausung gesetzt. Manchmal kann die Paarung beobachtet werden, oft erfolgt sie aber auch unbemerkt. Nach erfolgter Paarung bildet sich beim Weibchen ein sichtbarer Pfropfen, der die Vagina für 12 bis 24 Stunden zum Schutz verschließt. Die Trächtigkeit des Weibchens erkennen wir daran, dass sie einen stärkeren Appetit entwickelt. Im Hinterleib ist eine Gewichtszunahme erkennbar und der Bauch der Maus verhärtet sich. Erst nach etwa 15 Tagen nimmt der gesamte Körperumfang des Weibchens deutlich zu. Zu diesem Zeitpunkt können wir die Jungen im Bauch der Mutter vorsichtig ertasten. Bei großen Würfen nimmt das Weibchen die Form einer Birne an. Dennoch bleibt es erstaunlich beweglich und bis kurz vor der Niederkunft auch recht aktiv. Die Trächtigkeit dauert 18 bis 22 Tage. Während dieser Zeit braucht die werdende Mäusemutter nicht nur mehr, sondern auch eiweißreichere Nahrung. Hin und wieder ein Mehlwurm extra kann da nicht schaden. Der Vater darf die ganze Zeit über in der gemeinsamen Behausung bleiben. Wenn kein weiterer Nachwuchs erwünscht ist, muss der Bock allerdings vor der Geburt isoliert werden. Geschieht das erst während oder nach der Geburt, kann die Aufregung dazu führen, dass die Mäusemutter die Jungen tötet oder auffrisst. Hin und wieder kommt es zum natürlichen Abbruch einer Trächtigkeit in den ersten fünf Tagen. Gründe können unregelmäßige Lichtverhältnisse, extreme Temperatur- oder Klimaschwankungen, Stress (insbesondere Lärm) und Nahrungs- bzw. Wassermangel sein.

Probleme

Wenn Weibchen noch zu jung für die Zucht sind oder unter den Einfluss von Stress geraten, kommt es vor, dass sie die Jungen töten oder auffressen. Obwohl Mäuse sonst liebevolle und gute Mütter sind, werden sie durch einen Urinstinkt zu dieser verzweifelten Reaktion veranlasst, wenn sie Gefahr wittern. Deshalb ist es wichtig, dass trächtige Mäuseweibchen keinen Situationen ausgesetzt werden, die bei ihnen Stress oder Angst auslösen könnten. Manchmal haben Zuchtversuche auch aus einem anderen Grund keinen Erfolg. Dann kann es sein, dass die Mäuse zu alt sind, um sich fortzupflanzen. In solchen Fällen wird man zuerst die Zuchtversuche mit einem anderen Bock fortsetzen. Führt auch das zu keinem Erfolg, müssen die Weibchen ausgetauscht werden.

Geburt und Kindbett

Wenn es soweit ist, bringt ein Farbmausweibchen durchschnittlich elf Junge zur Welt. Es können aber auch nur ein oder bis zu 20 Jungen geboren werden. Die kleinen Mäuse kommen ohne Fell, mit geschlossenen Augen und mit nicht voll entwickelten, geschlossenen Ohren auf die Welt. Sie wiegen bei der Geburt etwa ein Gramm. Erst nach drei Tagen bildet sich das erste leichte Haarkleid, an dem die Fellfarbe erkennbar ist. Im Alter von zehn Tagen ist das Fell voll ausgebildet und mit zwei Wochen öffnen sich die Augen und Ohren. Dann werden die Mäusekinder aktiv, verlassen das Nest zu Ausflügen und beginnen, selbständig nach Futter und Wasser zu suchen. Sie dürfen das gleiche Futter wie die ausgewachsenen Mäuse bekommen. Dennoch werden sie immer noch von der Mutter gesäugt. Ab dem 21. Lebenstag sollten die kleinen Mäuse so selbständig sein, dass sie von der Mutter getrennt werden können. Besonders bei jungen Farbmaus-Böcken muss das zu dieser Zeit unbedingt geschehen, da sie sonst ihre eigene Mutter oder ihre Schwestern begatten, sobald die Geschlechtsreife einsetzt. Mit der endgültigen Abnabelung von der Mutter beginnt dann ein neues, aufregendes, hoffentlich munteres und gesundes Mäuseleben.

Service

Lesetipps

- Busch, M.: *Taschenatlas Pflanzen für Heimtiere.* Verlag Eugen Ulmer 2009
- Ewringmann, A., Glöckner, B.: *Leitsymptome bei Hamster, Ratte, Maus und Rennmaus.* Enke Verlag 2007
- Gaßner, G.: *Mäuse: neugierig, munter, fit.* Verlag Eugen Ulmer 2006
- Göbel, T., Ewringmann, A.: *Heimtierkrankheiten.* UTB 2005
- Zeitschrift *Ein Herz für Tiere*
- Kleinsäugerfachmagazin *Rodentia*

Internetlinks

- www.das-maeuseasyl.de
  Umfangreiche HP rund um Farbmäuse und Exoten mit Notfallvermittlung
- www.nager-info.de
  Sehr ausführliche HP rund um Nager und Kaninchen
- www.mausopolis.de
  Alles über Farbmäuse
- www.nagetiere-online.de
  Alle gängigen Nager, mit Forum
- www.projekt-biomaus.de
  Allgemeine Informationen über Mäuse
- www.rodipet.de
  Tiergerechtes Zubehör
- www.das-tierlexikon.de
  Nachschlagewerk über alle Tierarten
- www.tierschutzbund.de
  Deutscher Tierschutzbund e.V.
- www.tierschutzvereine.de
  Verzeichnis von Tierschutzvereinen und Tierheimen
- www.giftpflanzen.ch
  Giftpflanzenverzeichnis der Uni Zürich

Hinweis: Der Verlag Eugen Ulmer ist nicht verantwortlich für die Inhalte der genannten Links.

Bildquellen

Christine Steimer: Alle Bilder bis auf die folgenden.
Regina Kuhn: Seite 1, 2 (2), 4, 9, 16, 18, 31 (2), 40, 41, 44, 47, 49, 53, 55, 58, 59, 60, 61, 62
Trixie: Seite 36. Wir danken der Firma *Trixie Heimtierbedarf GmbH & Co. KG* für die Möglichkeit der Verwendung dieses Fotos.

Bibliografische Information der Deutschen Nationalbibliothek

Die Deutsche Nationalbibliothek verzeichnet diese Publikation in der Deutschen Nationalbibliografie; detaillierte bibliografische Daten sind im Internet über **http://dnb.d-nb.de** abrufbar.

Die in diesem Buch enthaltenen Empfehlungen und Angaben sind von der Autorin mit größter Sorgfalt zusammengestellt und geprüft worden. Eine Garantie für die Richtigkeit der Angaben kann aber nicht gegeben werden. Autorin und Verlag übernehmen keine Haftung für Schäden und Unfälle. Bitte setzen Sie bei der Anwendung der in diesem Buch enthaltenen Empfehlungen Ihr persönliches Urteilsvermögen ein.

© 2012 Eugen Ulmer KG
Wollgrasweg 41, 70599 Stuttgart (Hohenheim)
E-Mail: info@ulmer.de
Internet: www.ulmer.de
Titelfoto: Christine Steimer
Umschlagentwurf, Innenlayout und dtp: Sojus Design, Kai Twelbeck, Stuttgart
Druck und Bindung: Litotipigrafia Alcione, Lavis. Printed in Italy.

ISBN 978-3-8001-7732-5